袁群英　陈小央　等　著

中国优异作物种质资源
开发与利用图鉴

浙江卷

科学出版社
北京

内 容 简 介

基于"第三次全国农作物种质资源普查与收集行动",本书汇集了在2017～2020年项目实施期间收集到的古老地方品种,种植年代久远的育成品种,野生近缘种,以及珍稀或濒危的粮食作物、蔬菜作物、果树作物、经济作物优异种质资源100份,以图文并茂的形式描述了每份优异种质资源的采集地、主要特征特性、优异特性与利用价值、濒危状况及保护措施建议等。

本书主要面向从事农作物育种、栽培等研究工作的科技工作者、大专院校师生,以及农作物种业、产业管理人员,农业技术推广工作者,农作物种植大户等。

图书在版编目(CIP)数据

中国优异作物种质资源开发与利用图鉴. 浙江卷/袁群英等著. —北京:科学出版社,2024.1
ISBN 978-7-03-078033-1

Ⅰ.①中… Ⅱ.①袁… Ⅲ.①作物—种质资源—浙江—图集 Ⅳ.①S590.24-64

中国国家版本馆CIP数据核字(2024)第022854号

责任编辑:陈 新 郝晨扬/责任校对:郑金红
责任印制:肖 兴/封面设计:无极书装

科学出版社 出版
北京东黄城根北街16号
邮政编码:100717
http://www.sciencep.com
北京中科印刷有限公司印刷
科学出版社发行 各地新华书店经销

*

2024年1月第 一 版 开本:787×1092 1/16
2024年1月第一次印刷 印张:7 1/4
字数:170 000

定价:149.00 元
(如有印装质量问题,我社负责调换)

主要著者

袁群英　陈小央

其他著者
（以姓名汉语拼音为序）

程建徽	戴美松	龚榜初	古咸彬	华　为
姜偲倩	柯甫志	李付振	李志邈	林宝刚
刘合芹	刘秀慧	牛晓伟	任海英	沈升法
宋度林	孙玉燕	汪宝根	汪精磊	王凌云
王美兴	谢小波	徐红霞	俞法明	郁晓敏
张古文	张　彧			

农作物种质资源是保障国家粮食安全、建设生态文明和支撑农业可持续发展的战略性资源，是农业科技原始创新和现代种业发展的物质基础。近年来，随着气候环境、种植结构和农业生产经营方式等的变化，特别是城镇化、工业化和现代化的快速发展，野生近缘植物资源急剧减少，地方品种大量消失，生物多样性面临严峻的形势。因此，农业部（现称农业农村部）于2015年启动了"第三次全国农作物种质资源普查与收集行动"，以查清我国农作物种质资源本底，并开展农作物种质资源的抢救性收集。

　　浙江位于东海之滨，气候适宜，地貌、生态类型多样，农作物资源种类繁多，是我国种质资源较为丰富的省份。浙江是2017年第三批启动"第三次全国农作物种质资源普查与收集行动"的省（区、市）之一，已圆满完成了63个县（市、区）主要农作物种质资源的普查征集，全面完成了20个县（市、区）农作物种质资源的系统调查和抢救性收集，共收集粮食作物、蔬菜作物、果树作物、经济作物等地方品种和野生近缘植物资源3200多份，为种质资源的挖掘利用和新材料、新品种的精准创制，农业生物育种产业的发展，以及打好种业翻身仗奠定了坚实的基础。

　　在本次收集的3200多份种质资源中发现了一大批优异资源，武义小佛豆和庆元白杨梅被认定为2018年全国种质资源十大重要成果之一，东阳红粟被认定为2019年全国种质资源十大重要成果之一，舟山海萝卜被评为2020年全国十大优异农作物种质资源之一。为了总结本次专项行动成果，基于是否为新发现资源、是否为地方特色或特异资源、是否为珍稀濒危资源或具有重大利用价值、是否在脱贫攻坚或全面推进乡村振兴等方面具有潜在利用价值等几方面的考量，经资源鉴定评价小组推荐、专家评选，筛选出100份优异农作物种质资源并编撰成本书。其中，粮食作物29份，蔬菜作物38份，果树作物28份，经济作物5份，每份资源列出了学名、采集地、主要特征特性、优异特性与利用价值、濒危状况及保护措施建议。为了更加直观地了解资源性状，每份资源均配备了相关性状的彩图。这些信息对进一步了解资源的消长变化、开展针对性的深入评价和利用具有重要价值。

　　在种质资源的收集、鉴定、入库（圃）和本书编撰过程中，农业农村部特别是中国农业科学院等单位的领导和专家给予了大力支持与悉心指导。本书的出版得到了

"第三次全国农作物种质资源普查与收集行动"和"浙江省农业科学院种质资源调查和收集专项"的经费支持。本书是浙江省63个资源普查县（市、区）普查人员和浙江省农业科学院资源调查人员、鉴定评价人员共同努力的成果。在此，一并致以诚挚的谢意。

限于著者水平，书中不足之处在所难免，敬请广大读者不吝指正。

著 者

2023年3月

目 录

《中国优异作物种质资源开发与利用图鉴·浙江卷》

第一章

粮食作物优异种质资源

第一节　水稻种质资源

001　赤皮稻（2018332029[①]）

【学　名】Gramineae（禾本科）*Oryza*（稻属）*Oryza sativa* subsp. *japonica*（粳稻）。

【采集地】浙江省丽水市景宁畲族自治县。

【主要特征特性】属于常规粳型粘性中熟晚稻。在杭州种植，全生育期约154天，株高156.3cm，穗长25.2cm，有效穗数192.5万穗/hm²，每穗粒数141.0粒，结实率93.3%，千粒重24.2g，谷粒椭圆形，谷粒长度8.5mm，谷粒宽度3.6mm，种皮红色，叶鞘绿色，长芒，芒褐色，颖尖褐色，颖赤褐色。当地农户认为该种质营养价值高，不抗倒伏。

【优异特性与利用价值】可煮制成红米粥食用。可作为育种材料或亲本加以利用。

【濒危状况及保护措施建议】目前该资源种植面积极小，建议异位妥善保存的同时，在当地适度推广种植，发展地方资源特色。

---

① 浙江省第三次全国农作物种质资源普查与收集行动调查或普查编号，后文同。

002 矾山红米（2017335064）

【学　名】Gramineae（禾本科）*Oryza*（稻属）*Oryza sativa* subsp. *indica*（籼稻）。

【采集地】浙江省温州市苍南县。

【主要特征特性】属于常规籼型粘稻。在杭州种植，全生育期约130天，株高130.0cm，穗长26.3cm，有效穗数250.0万穗/hm²，每穗粒数132.0粒，结实率91.1%，千粒重23.5g，谷粒中长形，谷粒长8.3mm，谷粒宽2.7mm，种皮红色，叶鞘绿色，颖尖黄色，颖黄色。

【优异特性与利用价值】当地主要用于煮制米饭食用，米饭软糯、香、口感较好。特色稻米，可用于保健食品加工和生态旅游开发产品。可作为育种材料或亲本加以利用。

【濒危状况及保护措施建议】2010年被列入浙江省首批农作物种质资源保护名录。目前该资源种植面积极小，建议异位妥善保存的同时，在当地适度推广种植，发展地方资源特色。

003 黑壳紫红米（P331023024）

【学　名】Gramineae（禾本科）*Oryza*（稻属）*Oryza sativa* subsp. *japonica*（粳稻）。

【采集地】浙江省台州市天台县。

【主要特征特性】属于常规籼型粘稻。在杭州种植，全生育期约141天，株高122.0cm，穗长30.0cm，有效穗数217.5万穗/hm²，每穗粒数196.7粒，结实率80.8%，千粒重29.6g，谷粒细长形，谷粒长10.6mm，谷粒宽2.8mm，种皮红色，叶鞘绿色，无芒，颖尖褐色，颖褐色。当地农户认为米饭口感好，营养价值高。

【优异特性与利用价值】当地主要用于制作营养米饭、八宝粥、米粉、米糊、紫红米年糕、紫红米蛋糕、紫红米烘糕、紫红米茶等。可作为育种材料或亲本加以利用。

【濒危状况及保护措施建议】目前该资源种植面积100亩①左右。建议异位妥善保存的同时，在当地适度推广种植，发展地方资源特色。

---

① 1亩≈666.7m²，后文同。

004 红嘴角粳（2018332262）

【学　名】Gramineae（禾本科）*Oryza*（稻属）*Oryza sativa* subsp. *japonica*（粳稻）。

【采集地】浙江省丽水市庆元县。

【主要特征特性】属于常规粳型粘稻。在杭州种植，全生育期约156天，株高163.7cm，穗长28.4cm，有效穗数242.5万穗/hm²，每穗粒数158.3粒，结实率82.6%，千粒重25.4g，谷粒阔卵形，谷粒长6.8mm，谷粒宽3.8mm，种皮白色，叶鞘绿色，长芒，芒褐色，颖尖褐色，颖黄色。当地农户认为该种质食味好，抗倒性差。

【优异特性与利用价值】食味优。可制作年糕。可作为育种材料或亲本加以利用。

【濒危状况及保护措施建议】目前该资源种植面积极小，建议异位妥善保存的同时，在当地适度推广种植，发展地方资源特色。

005 酒糟糯（P330328018）

【学　名】Grammeae（禾本科）*Oryza*（稻属）*Oryza sativa* subsp. *japonica*（粳稻）。

【采集地】浙江省温州市文成县。

【主要特征特性】属于常规粳型糯稻。在杭州种植，全生育期约170天，株高164.3cm，穗长25.5cm，有效穗数182.5万穗/hm²，每穗粒数117.0粒，结实率71.5%，千粒重25.4g，谷粒椭圆形，谷粒长7.5mm，谷粒宽3.3mm，种皮白色，叶鞘绿色，无芒，颖尖褐色，颖赤褐色。当地农户认为该种质优质，适宜酿酒，耐贫瘠，不抗倒伏。

【优异特性与利用价值】当地主要用于煮制糯米饭食用，也用于酿酒。可作为育种材料或亲本加以利用。

【濒危状况及保护措施建议】目前该资源种植面积极小，建议异位妥善保存的同时，在当地适度推广种植，发展地方资源特色。

006 雪糯（P331125002）

【学　名】Gramineae（禾本科）*Oryza*（稻属）*Oryza sativa* subsp. *japonica*（粳稻）。

【采集地】浙江省丽水市云和县。

【主要特征特性】属于常规粳型糯稻。在杭州种植，全生育期约147天，株高122.7cm，穗长17.9cm，有效穗数195.0万穗/hm²，每穗粒数124.2粒，结实率91.1%，千粒重21.0g，谷粒阔卵形，谷粒长6.6mm，谷粒宽3.7mm，种皮白色，叶鞘绿色，长芒，芒黑色，颖尖黑色，颖紫黑色。当地农户认为该种质茎秆高而细，产量偏低，肥水过多易倒伏。

【优异特性与利用价值】食味优。当地以煮制成米饭食用为主，也用于酿酒。可作为育种材料或亲本加以利用。

【濒危状况及保护措施建议】目前该资源分布范围窄，种植面积小，建议异位妥善保存的同时，在当地适度推广种植，发展地方资源特色。

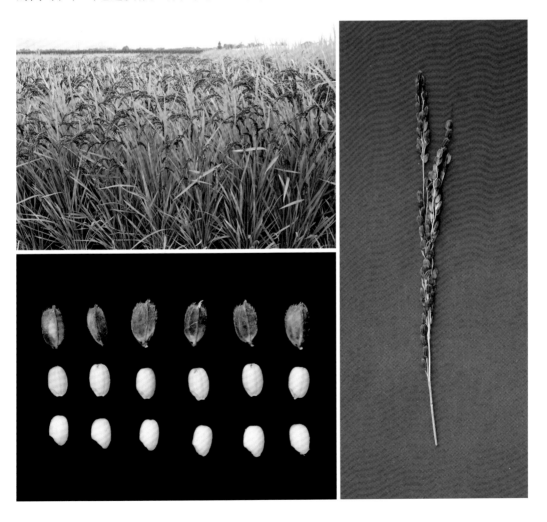

007 胭脂米（P330226014）

【学　名】Gramineae（禾本科）*Oryza*（稻属）*Oryza sativa* subsp. *indica*（籼稻）。

【采集地】浙江省宁波市宁海县。

【主要特征特性】属于常规籼型粘稻。在杭州种植，全生育期约138天，株高133.3cm，穗长22.4cm，有效穗数242.5万穗/hm²，每穗粒数74.5粒，结实率79.2%，千粒重27.8g，谷粒中长形，谷粒长8.1mm，谷粒宽3.1mm，种皮红色，叶鞘绿色，中等芒长，芒白色，颖尖黄色，颖银灰色。当地农户认为该种质米质优，耐贫瘠，糙米红色，富含微量元素，营养价值高。

【优异特性与利用价值】可煮制成红米粥食用。可作为育种材料或亲本加以利用。

【濒危状况及保护措施建议】目前该资源种植面积极小，建议异位妥善保存的同时，在当地适度推广种植，发展地方资源特色。

第二节 麦类种质资源

001 浙908（2018334217）

【学　名】Gramineae（禾本科）*Triticum*（小麦属）*Triticum aestivum*（普通小麦）。

【采集地】浙江省绍兴市诸暨市。

【主要特征特性】浙江省农业科学院20世纪70年代选育品种。株型紧凑，株高103.0cm，偏高，易倒伏。叶片较宽，叶色浅绿，无芒，穗纺锤形，白壳，穗长9.7cm，每穗小穗数19.4个，穗粒数71.6粒，籽粒卵圆形，千粒重36.0g。10月下旬或11月上中旬播种，次年5月收获，全生育期180天左右。人工接种鉴定该品种中抗赤霉病和花叶病。

【优异特性与利用价值】农家自留食用。

【濒危状况及保护措施建议】在诸暨市各乡镇仅少数农户零星种植，已很难收集到。建议异位妥善保存。

002 瑞安大麦（2018335217）

【学　名】Gramineae（禾本科）*Hordeum*（大麦属）*Hordeum vulgare*（大麦）。

【采集地】浙江省温州市瑞安市。

【主要特征特性】属于地方品种。株型紧凑，株高76.3cm，株高适中。叶片直立、较宽，叶绿色，茎秆紫色，二棱皮大麦，长芒，穗直立，黄色，穗长8.9cm，穗粒数30.4粒，籽粒椭圆形、黄色，千粒重54.0g。11月中下旬播种，次年4月底或5月初收获，全生育期165天左右，晚熟。大田表现抗锈病和赤霉病。

【优异特性与利用价值】当地种植约60年，农户自留，为麦芽糖专用大麦，也可用于酿酒和饲料。

【濒危状况及保护措施建议】在瑞安市各乡镇仅少数农户零星种植，已很难收集到。建议异位妥善保存。

第三节　薯类种质资源

001 白花扁芋（P330329019）

【学　名】Solanaceae（茄科）*Solanum*（茄属）*Solanum tuberosum*（马铃薯）。

【采集地】浙江省温州市泰顺县。

【主要特征特性】中熟小薯型品种。半直立株型，植株繁茂性强，株高84.8cm，茎粗8.3mm，主茎数5.8个。茎色绿色，茎翼直形，茎横截面三棱形，分枝数少。叶色绿色，叶缘平展，小叶大小中等，顶小叶椭圆形，小叶着生密集度中等。自然开花量中等，花冠白色。单株结薯数13.4个，结薯较集中整齐。薯块圆形至椭圆形，黄皮黄肉，芽眼深。每亩鲜薯产量1869.0kg。干物质含量20.2%，淀粉含量14.7%。蒸煮食味优。当地农户认为食味好。

【优异特性与利用价值】优质食用品种，鲜薯产量高，具有生产和育种利用价值。

【濒危状况及保护措施建议】泰顺县少量种植。建议异位妥善保存，加强种质鉴定、脱毒种应用和育种利用。

002 温岭小洋芋（P331081017）

【学　名】Solanaceae（茄科）*Solanum*（茄属）*Solanum tuberosum*（马铃薯）。

【采集地】浙江省台州市温岭市。

【主要特征特性】中熟小薯型品种。半直立株型，植株繁茂性强，株高67.6cm，茎粗5.1mm，主茎数5.9个。茎色绿色，茎翼直形，茎横截面三棱形，分枝数少。叶色绿色，叶缘平展，小叶大小中等，顶小叶椭圆形，小叶着生密集度中等。自然开花量少，花冠紫色。单株结薯数15.8个，结薯较集中整齐。薯块圆形，黄皮深黄肉，芽眼中等深。每亩鲜薯产量727.0kg。干物质含量23.3%，淀粉含量17.6%。蒸煮食味优。当地农户认为食味好。

【优异特性与利用价值】优质食用品种，温岭小洋芋是当地特色菜，薯块大小与蚕豆相近，具有生产和育种利用价值。

【濒危状况及保护措施建议】温岭市普遍种植。建议异位妥善保存，加强种质鉴定、脱毒种应用和育种利用。

003 苍南红牡丹（2017335052）

【学　名】Convolvulaceae（旋花科）*Ipomoea*（甘薯属）*Ipomoea batatas*（甘薯）。

【采集地】浙江省温州市苍南县。

【主要特征特性】高胡萝卜素食用型品种。半直立株型，中蔓，最长蔓长147.2cm，分枝数6.6枝。茎粗中等，茎直径5.7mm。顶芽紫色，茎顶端茸毛少。顶叶紫绿色，叶片浅复缺刻，叶主脉浅绿色，脉基绿色，叶柄绿色，叶柄长23.3cm，柄基绿色。茎绿色，节间长3.8cm。薯块纺锤形，薯皮红色，薯肉深红色，单株结薯5.7个。每亩鲜薯产量2327.0kg。干物质含量24.8%，淀粉含量15.2%，生薯鲜基可溶性糖含量6.7%，蒸熟后可溶性糖含量10.9%，每100g鲜薯胡萝卜素含量8.5mg。食味较优。耐贮性较好。当地农户认为食味好。

【优异特性与利用价值】优质食用品种，胡萝卜素含量高，适合鲜食。

【濒危状况及保护措施建议】苍南县少量种植。建议异位妥善保存并加强育种利用。

004 淳安南瓜番薯（2017331106）

【学　名】Convolvulaceae（旋花科）*Ipomoea*（甘薯属）*Ipomoea batatas*（甘薯）。

【采集地】浙江省杭州市淳安县。

【主要特征特性】食用型品种。半直立株型，短蔓，最长蔓长129.4cm，分枝数5.7枝。茎粗壮，茎直径7.2mm。顶芽紫色，茎顶端茸毛中等。顶叶紫绿色，叶片全缘心形，叶主脉紫色，脉基深紫色，叶柄绿色，叶柄长21.4cm，柄基紫色。茎绿色带紫斑，节间长3.5cm。薯块纺锤形，薯皮浅红色，薯肉橘黄色，表皮有较浅的纵沟，单株结薯4.2个。每亩鲜薯产量2857.0kg。干物质含量21.0%，淀粉含量11.9%，生薯鲜基可溶性糖含量6.9%，蒸熟后可溶性糖含量8.7%，每100g鲜薯胡萝卜素含量2.2mg。食味较优。耐贮性较好。当地农户认为高产、食味好，薯条软糯、甜而不腻。

【优异特性与利用价值】鲜薯产量高，食味软、较甜。可用于鲜食、烤薯与薯脯加工。

【濒危状况及保护措施建议】淳安县山区普遍种植，是淳安县特色农产品白马农家薯条的主要原料品种。建议异位妥善保存并加强育种利用。

第四节 豆类种质资源

001 瑞安本地蚕豆（2018335205）

【学　名】Leguminosae（豆科）*Vicia*（蚕豆属）*Vicia faba*（蚕豆）。

【采集地】浙江省温州市瑞安市。

【主要特征特性】属于小粒类型。株高80.0cm左右，平均节间数19.0节左右，单株分枝数平均5.0枝。叶色深绿色，叶腋有花青斑，小叶叶形卵圆形。茎秆有紫茎和绿茎。花旗瓣白带紫纹，花翼瓣黑色，每花序花朵数4～6朵。极早熟，播种后约116天可采收鲜荚。初荚节位第3节，单株鲜荚数50.0荚，鲜荚绿色，鲜荚长7.7cm，鲜荚宽1.6cm，平均鲜荚重6.5g。干籽粒有浅绿色和浅褐色，种脐黑色，干籽粒百粒重约63.0g。

【优异特性与利用价值】开花结荚早，可利用其早熟性作为蚕豆育种材料。

【濒危状况及保护措施建议】采集地有少量种植，历史悠久，自家食用，鲜粒炒菜和干粒炒货兼用。建议作为种质资源保留的同时，用作育种材料。

002 武义小佛豆（2018331001）

【学　　名】Leguminosae（豆科）*Vicia*（蚕豆属）*Vicia faba*（蚕豆）。

【采集地】浙江省金华市武义县。

【主要特征特性】属于中粒类型。株高102.0cm左右，平均节间数19.0节左右，单株分枝数平均5.0枝。叶色绿色，叶腋有花青斑，小叶叶形椭圆形。茎秆有紫斑纹。花旗瓣白带紫纹，花翼瓣黑色，平均每花序花朵数3朵。播种后约175天可采收鲜荚。初荚节位第4节，单株鲜荚数18.0荚，鲜荚绿色，鲜荚长9.00cm，鲜荚宽1.85cm，平均鲜荚重10.1g。干籽粒有绿色和褐色，种脐黑色，干籽粒百粒重约82.0g。

【优异特性与利用价值】香脆，颗粒饱满。可用作育种材料。

【濒危状况及保护措施建议】采集地自家食用，历史悠久，菜用和制作干货作为小吃。建议作为种质资源保留的同时，用作育种材料。

003 小青蚕豆（P330305010）

【学　名】Leguminosae（豆科）*Vicia*（蚕豆属）*Vicia faba*（蚕豆）。

【采集地】浙江省温州市洞头区。

【主要特征特性】属于中粒类型。株高100.0cm左右，平均节间数23.0节左右，单株分枝数平均7.0枝。叶色深绿色，叶腋有花青斑，小叶叶形卵圆形。茎秆紫茎。花旗瓣紫色，花翼瓣黑色，每花序花朵数5或6朵。较早熟，播种后约128天可采收鲜荚。初荚节位第3节，单株鲜荚数74.0荚，鲜荚绿色，鲜荚长约8.0cm，鲜荚宽1.9cm，平均鲜荚重7.8g。干籽粒深绿色，种脐黑色和绿色，干籽粒百粒重约96.0g。

【优异特性与利用价值】开花结荚较早，可利用其早熟性作为蚕豆育种材料。

【濒危状况及保护措施建议】采集地有少量种植，农户认为该品种抗病、抗虫、耐贫瘠。建议作为种质资源保留的同时，用作育种材料。

004 大粒赤豆（2017331089）

【学　名】Leguminosae（豆科）*Vigna*（豇豆属）*Vigna angularis*（赤豆）。

【采集地】浙江省杭州市淳安县。

【主要特征特性】属于赤豆地方品种。适宜秋播，全生育期81天。株高50.7cm，株型半开张，主茎节数19.0节，主茎分枝数5.0个，鲜茎绿色，茎秆强度较强，抗倒伏性强，无根瘤。叶卵圆形，复叶叶形无须，叶色绿，落叶性难。花黄色，多花花序。半直立生长，有限结荚习性，荚黄色，荚质硬，鲜荚长8.20cm，鲜荚宽0.70cm，鲜荚厚0.65cm，荚短圆棍形，荚喙细长弯尖，荚面微凸，裂荚性为轻裂，每荚粒数8.4粒，百粒荚鲜重15.45g。籽粒红色、柱形、平滑、不裂纹、无斑纹，种皮光泽较亮，种脐白色。当地农户认为该种质产量高，富含各种维生素和矿物质，具有清热解毒、健脾益肾的作用。

【优异特性与利用价值】是一种较好的食疗原料，可用于保健食品加工、生态旅游。

【濒危状况及保护措施建议】少数农户零星种植，已很难收集到。建议异位妥善保存的同时，结合发展健康食品和生态旅游，扩大种植面积。

005　黑赤豆（2017331090）

【学　名】Leguminosae（豆科）*Vigna*（豇豆属）*Vigna angularis*（赤豆）。

【采集地】浙江省杭州市淳安县。

【主要特征特性】属于赤豆地方品种。适宜秋播，全生育期90天。株高60.0cm，株型半开张，主茎节数18.7节，主茎分枝数5.7个，鲜茎绿色，茎秆强度较强，抗倒伏性强，无根瘤。叶卵圆形，复叶叶形无须，叶色绿，落叶性难。花浅黄色，多花花序。直立生长，有限结荚习性，荚黄褐色，荚质硬，鲜荚长8.0cm，鲜荚宽0.5cm，荚短圆棍形，荚喙细长弯尖，荚面微凸，裂荚性为轻裂，每荚粒数7.6粒，百粒鲜重6.12g。籽粒黑色、柱形、平滑、不裂纹、无斑纹，种脐白色。当地农户认为该种质品质好，颜色独特，具有较高的营养价值和食疗功效。

【优异特性与利用价值】该种质颜色独特，品质好，可用作育种材料，也可用于保健食品加工和生态旅游。

【濒危状况及保护措施建议】少数农户零星种植，已很难收集到。建议异位妥善保存的同时，结合发展健康食品和生态旅游，扩大种植面积。

006 / 岔路早豆（2017333051）

【学　名】Leguminosae（豆科）*Glycine*（大豆属）*Glycine max*（大豆）。

【采集地】浙江省宁波市宁海县。

【主要特征特性】属于南方春播型大豆品种。全生育期适中，从出苗到成熟约70天。株高适中，成熟时从子叶节到植株生长点可达57.0cm，株型收敛，有限结荚习性。叶椭圆形，叶色深绿，子叶黄色。白花，茸毛棕色。结荚分散，结荚节位较高。籽粒扁椭圆形，种皮黄色，种脐褐色；成熟种子百粒重可达11.5g。该品种田间表现较好，成熟籽粒商品性较好，单位面积产量一般。当地农户认为该品种籽粒品质好。

【优异特性与利用价值】浙江省内各地均可种植，成熟籽粒商品性较好。可食用及作为加工原料。

【濒危状况及保护措施建议】在宁海县各乡镇仅少数农户零星种植，已很难收集到。在异位妥善保存的同时，建议扩大种植面积。

007 大青豆（2018334425）

【学　名】Leguminosae（豆科）*Glycine*（大豆属）*Glycine max*（大豆）。

【采集地】浙江省杭州市临安区。

【主要特征特性】株型直立，有限结荚习性。株高60.3cm，主茎茸毛棕色，下胚轴深紫色，叶深绿色，卵圆形，子叶青色，深紫色花，单株节数13.3节，单株结荚数25.6个，成熟豆荚深褐色，籽粒扁椭圆形，百粒干重39.1g，种皮青色，种脐黑色。7月下旬至8月上旬播种，10月下旬至11月上旬采收，全生育期约89天。田间表现中感病毒病，高抗炭疽病。当地农户认为其富含多种维生素和微量元素，药食兼备，是生豆芽和制作炒青豆的好原料。

【优异特性与利用价值】田间表现高抗炭疽病，可用作夏秋大豆育种材料。该材料为绿种皮、绿子叶类型，富含多种维生素和微量元素，优质蛋白含量丰富，药食兼备，可煮熟食用、生豆芽或加工成豆制品，也可用来制作各种保健品，用途广泛。

【濒危状况及保护措施建议】在杭州市临安区仅少数农户零星种植，已很难收集到。在异位妥善保存的同时，建议扩大种植面积。

008 嘉善黑眼豆（2018335489）

【学　名】Leguminosae（豆科）*Glycine*（大豆属）*Glycine max*（大豆）。

【采集地】浙江省嘉兴市嘉善县。

【主要特征特性】属于南方秋播型大豆品种。全生育期较长，从出苗到成熟约95天。株高较高，成熟时从子叶节到植株生长点可达81.0cm，抗倒伏性强；株型收敛，有限结荚习性。叶椭圆形，叶色深绿，子叶黄色。紫花，茸毛棕色。结荚较密，底荚较高。籽粒圆形，种皮黄色，种脐黑色；成熟种子百粒重可达43.5g。该品种田间表现较好，成熟籽粒商品性较好，单位面积产量一般。当地农户认为该品种籽粒品质好。

【优异特性与利用价值】浙江省内各地均可种植，成熟籽粒商品性较好。可食用及作为加工原料。

【濒危状况及保护措施建议】在嘉善县各乡镇仅少数农户零星种植，已很难收集到。在异位妥善保存的同时，建议扩大种植面积。

009 桐店乌皮青仁豆（P330726056）

【学　名】Leguminosae（豆科）*Glycine*（大豆属）*Glycine max*（大豆）。

【采集地】浙江省金华市浦江县。

【主要特征特性】属于南方夏播型大豆品种。全生育期适中，从出苗到成熟约105天。株高较高，成熟时从子叶节到植株生长点可达94.0cm；株型收敛，有限结荚习性。叶椭圆形，叶色深绿，子叶绿色。紫花，茸毛棕色。结荚分散，底荚较高。籽粒椭圆形，种皮黑色，种脐黑色；成熟种子百粒重可达26.5g。该品种田间表现较好，成熟籽粒商品性较好，单位面积产量一般。当地农户认为该品种籽粒优质。

【优异特性与利用价值】浙江省内各地均可种植，黑荚，籽粒略小而扁平，表皮亮黑。可食用、保健药用及作为加工原料。

【濒危状况及保护措施建议】在浦江县各乡镇仅少数农户零星种植，已很难收集到。在异位妥善保存的同时，建议扩大种植面积。

010 萧山八月半（P330109036）

【学　名】Leguminosae（豆科）*Glycine*（大豆属）*Glycine max*（大豆）。

【采集地】浙江省杭州市萧山区。

【主要特征特性】属于南方秋播型大豆品种。全生育期适中，从出苗到成熟约95天；株高适中，成熟时从子叶节到植株生长点可达69.0cm，株型收敛，有限结荚习性。叶椭圆形，叶色深绿，子叶黄色。紫花，茸毛灰色。结荚分散，底荚较高。籽粒椭圆形，种皮黄色，种脐褐色；成熟种子百粒重可达28.5g。该品种田间表现较好，成熟籽粒商品性较好，产量水平较高。当地农户认为该品种高产，优质，抗病。

【优异特性与利用价值】浙江省内各地均可种植，成熟籽粒商品性较好，产量水平较高。可食用、保健药用及作为加工原料。

【濒危状况及保护措施建议】在萧山区各乡镇仅少数农户零星种植，已很难收集到。在异位妥善保存的同时，建议扩大种植面积。

011 大莱刀豆（2018331026）

【学　名】Leguminosae（豆科）*Canavalia*（刀豆属）*Canavalia ensiformis*（刀豆）。

【采集地】浙江省金华市武义县。

【主要特征特性】属于刀豆地方品种。适宜秋播，全生育期165天。植株蔓生，缠绕草本，可长达数米。鲜茎绿色。无根瘤。叶卵圆形，复叶叶形无须，叶色绿，落叶性难。花粉红色，总状多花花序。蔓生生长，无限结荚习性，荚色黄白，荚质硬，荚长24.3cm，荚宽3.9cm，荚形长扁条，荚果带状略弯曲，荚面微凸，裂荚性为不易裂，每荚粒数10.3粒，百粒鲜重149.99g。种皮红色带褐，粒形长椭圆形，种皮微褶皱、不裂纹、无斑纹，脐色黑灰。当地农户认为该种质鲜荚菜用，果荚皮红色，补肾；易熟，口感好。

【优异特性与利用价值】抗逆性强，适应性广。特色豆，可用于保健食品加工和生态旅游。

【濒危状况及保护措施建议】少数农户零星种植，已很难收集到。建议异位妥善保存的同时，结合发展健康食品和生态旅游，扩大种植面积。

012 淳安黎豆（2017331078）

【学　名】Leguminosae（豆科）*Mucuna*（油麻藤属）*Mucuna pruriens*（刺毛黧豆）。

【采集地】浙江省杭州市淳安县。

【主要特征特性】属于黧豆地方品种。适宜春播，全生育期220天。植株蔓生，一年生缠绕草本，长达数米。鲜茎黄绿色，全株被白色疏柔毛。无根瘤。三出复叶；顶生小叶宽卵形，长6.0～9.0cm，宽4.5～7.0cm，先端钝圆，有短尖，基部圆楔形，侧生小叶偏斜；小托叶刚毛状。总状花序短缩成头状，腋生；萼钟状，二唇形，下面一个萼齿较长，密被白色短硬毛；花冠深紫色，长2.5～3.0cm；雄蕊10个，二体，（9）+1；子房有棕色毛，花柱丝状，有白色短柔毛。荚果木质，条形，深棕色，长约10.2cm，宽约1.9cm，密被淡黄色短柔毛；每荚粒数平均5.3粒，百粒鲜重114.9g。种子灰白色，肾形，长约1.6cm，宽1.2cm，周围有围领状隆起的白色种阜。当地农户将其煮熟去皮后晒干、炖肉吃，味道好。

【优异特性与利用价值】食用，饲用。具有益气、生津的功效。常用米消渴。

【濒危状况及保护措施建议】少数农户零星种植，已很难收集到。建议异位妥善保存的同时，结合发展健康食品和生态旅游，扩大种植面积。

第五节 玉米种质资源

001 淳安红玉米（2017331079）

【学　名】Gramineae（禾本科）*Zea*（玉蜀黍属）*Zea mays*（玉米）。

【采集地】浙江省杭州市淳安县。

【主要特征特性】普通玉米，为地方品种，粮用或饲用。株高192.3cm，叶片平展，穗位高84.2cm，穗长20.3cm，穗行数12.0行，行粒数31.6粒，百粒重30.3g，籽皮红色，硬粒型。6月中旬播种，10月中下旬收获。

【优异特性与利用价值】抗性好，广适，耐热，耐贫瘠，饲粮两用。浙江省杭州市淳安县及周边地区均可种植。

【濒危状况及保护措施建议】现主要由当地丘陵区少数老农种植，每年自发留种保存，种植面积较小。建议异位妥善保存的同时，加强种质鉴定和育种利用。

002 桐庐山苞萝（P330122012）

【学　名】Gramineae（禾本科）*Zea*（玉蜀黍属）*Zea mays*（玉米）。

【采集地】浙江省杭州市桐庐县。

【主要特征特性】属于食用型品种。株高174.0cm，穗位高94.0cm，穗长16.0cm，穗行数13.4行，行粒数36.6粒，百粒重30.5g，粒色为黄色，硬粒型。该玉米耐旱、耐瘠薄，抗逆性强，早熟。该地方种在当地5月中旬播种，9月中旬收获，加工成玉米粉食用。当地农户认为该种质具有耐旱、口感好、味香等特点，浙江省及周边省（市）均可种植。

【优异特性与利用价值】耐旱，耐贫瘠，抗逆性强，为粮用或饲用品种。

【濒危状况及保护措施建议】现主要由当地丘陵区少数老农种植，每年自发留种保存，种植面积较小。建议异位妥善保存的同时，加强种质鉴定和育种利用。

第六节　杂粮类种质资源

001 桐乡高粱（2018331412）

【学　名】Gramineae（禾本科）Sorghum（高粱属）Sorghum bicolor（高粱）。

【采集地】浙江省嘉兴市桐乡市。

【主要特征特性】属于高粱地方品种。全生育期125天。株高165.2cm，穗柄伸出长度36.8cm，芽鞘绿色，茎粗1.4cm。幼苗叶绿色，主脉白色。黄色柱头，柱头花青苷显色强度中等，新鲜花药浅黄色，干花药橘色，颖壳纸质，外颖芒长，主穗长42.9cm，穗型周散，穗形伞形，颖壳全包被，成熟期颖壳褐色，籽粒褐色、椭圆形，千粒重17.7g，胚乳糯性白色。当地农户大多将茎叶做扫帚用。

【优异特性与利用价值】抗病，抗旱。籽粒可酿酒；茎叶无早衰，可做扫帚用。

【濒危状况及保护措施建议】少数农户零星种植，已很难收集到。建议异位妥善保存的同时，结合发展地方特色生态旅游，扩大种植面积。

002 东阳红粟（P330783007）

【学　名】Gramineae（禾本科）*Setaria*（狗尾草属）*Setaria italica*（粟）。

【采集地】浙江省金华市东阳市。

【主要特征特性】植株生育期100天，须根粗大，茎秆直立，绿色，分蘖弱，幼苗叶鞘紫色，叶片绿色，抽穗期茎绿色，叶鞘绿色，松裹茎秆，新叶绿色，灌浆以后下部叶片和叶鞘转为紫色，成熟期植株叶片和茎秆均为紫色。叶舌为一圈纤毛，叶长披针形。株高136.00cm，主茎粗7.94mm，主茎长117.00cm，穗下节间长30.00cm，单株草重12.02g。穗状圆锥花序，基部有间断，主轴密生柔毛，长，紫色，护颖浅绿色，小穗椭圆形。成熟穗圆筒形，紧，穗码密度约每厘米9.32个，穗颈勾形，粒色橙，米色黄。主穗长18.54cm、宽1.90cm，单株穗重9.94g。种子长2.10mm、宽1.41mm，千粒重2.22g，单株籽粒重8.04g。种植农户认为其高产、优质、抗病、耐热、耐贫瘠，株高可达180cm，生长势强，暗红色籽粒，糯性，味道佳，可做传统食品冻米糖，以及具有文化用途，红色谷穗吉祥喜庆，是新房上梁必用。

【优异特性与利用价值】谷穗红粟，叶片秋季变紫，幼苗叶鞘紫色，该品种开花后植株下部叶鞘和叶片紫色，灌浆后期整株紫色，可用作休闲观光农业，以及加工成粟米糖、小米粥、粟米饼以及酿酒等，红谷穗用于新房上梁。

【濒危状况及保护措施建议】目前近于濒危，建议异位保存种子，并扩大种植面积。

第二章

蔬菜作物优异种质资源

第一节　瓜类种质资源

001 花蒲（P330329011）

【学　名】Cucurbitaceae（葫芦科）*Lagenaria*（葫芦属）*Lagenaria siceraria*（葫芦）。

【采集地】浙江省温州市泰顺县。

【主要特征特性】早熟，第一子蔓节位7.0节，叶近圆形，深绿色，叶长36.7cm，叶宽34.5cm，叶柄长19.7cm，第一雌花节位7.0节，雌花节率62.8%，无两性花，主蔓结瓜。瓜呈牛腿形，瓜皮深绿色，商品瓜长约17.6cm，瓜把长7.1cm，横径约8.4cm，瓜脐直径0.9cm，单瓜重1330.0g，瓜面有斑纹，瓜面茸毛中等。近瓜蒂端无棱沟，钝圆形，瓜顶平。商品瓜肉厚7.6cm，商品瓜肉白色，单株结瓜3个，种皮棕色，种子千粒重162.0g。从定植到始收约53天。

【优异特性与利用价值】瓜形独特，可作为育种材料。

【濒危状况及保护措施建议】少数农户零星种植，收集困难。建议异位妥善保存，扩大种植面积。

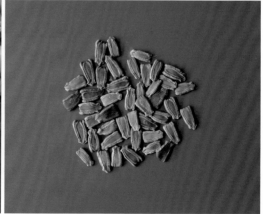

002 临安葫芦（2018334457）

【学　名】Cucurbitaceae（葫芦科）*Lagenaria*（葫芦属）*Lagenaria siceraria*（葫芦）。

【采集地】浙江省杭州市临安区。

【主要特征特性】早熟，第一子蔓节位7.3节，叶心脏形，深绿色，叶长30.5cm，叶宽29.3cm，叶柄长15.8cm，第一雌花节位8.7节，雌花节率98.6%，无两性花，主蔓结瓜。瓜呈葫芦形，瓜皮浅绿色，商品瓜长约15.5cm，瓜把长5.7cm，横径约9.5cm，瓜脐直径1.1cm，单瓜重850.0g，瓜面有斑纹，瓜面茸毛中等。近瓜蒂端无棱沟，溜肩形，瓜顶平。商品瓜肉厚8.7cm，商品瓜肉白色，单株结瓜4个，种皮棕色，种子千粒重158.3g。从定植到始收约51天。

【优异特性与利用价值】瓜呈葫芦形，瓜形漂亮，可作为育种亲本材料。

【濒危状况及保护措施建议】少数农户零星种植，收集困难。建议异位妥善保存，扩大种植面积。

003 木杓蒲（2018333634）

【学　名】Cucurbitaceae（葫芦科）*Lagenaria*（葫芦属）*Lagenaria siceraria*（葫芦）。

【采集地】浙江省台州市黄岩区。

【主要特征特性】早熟，第一子蔓节位7.7节，叶心脏形，深绿色，叶长30.7cm，叶宽29.0cm，叶柄长13.0cm，第一雌花节位7.7节，雌花节率59.6%，无两性花，主蔓结瓜。瓜呈近圆形，瓜皮浅绿色，商品瓜长约13.3cm，横径约11.2cm，瓜脐直径1.6cm，单瓜重1030.0g，瓜面有斑纹，瓜面茸毛稀。近瓜蒂端无棱沟，阔圆形，瓜顶凸。商品瓜肉厚10.4cm，商品瓜肉白色，单株结瓜3个，种皮棕色，种子千粒重122.3g。从定植到始收约52天。

【优异特性与利用价值】瓜呈近圆形，瓜形周正，可作为育种亲本材料。

【濒危状况及保护措施建议】少数农户零星种植，收集困难。建议异位妥善保存，扩大种植面积。

004 铁葫芦（2017331037）

【学　名】Cucurbitaceae（葫芦科）*Lagenaria*（葫芦属）*Lagenaria siceraria*（葫芦）。

【采集地】浙江省杭州市淳安县。

【主要特征特性】中熟，第一子蔓节位6.3节，叶近圆形，深绿色，叶长33.3cm，叶宽31.0cm，叶柄长22.7cm，第一雌花节位10.7节，雌花节率90.9%，无两性花，子蔓结瓜。瓜呈葫芦形，瓜皮绿色，商品瓜长约21.5cm，横径约11.7cm，瓜脐直径0.8cm，单瓜重630.0g，瓜面有斑纹，瓜面茸毛稀。近瓜蒂端无棱沟，钝圆形，瓜顶平。商品瓜肉厚10.9cm，商品瓜肉白色，单株结瓜6个，种皮棕色，种子千粒重164.1g。从定植到始收约65天。

【优异特性与利用价值】瓜呈葫芦形，瓜形漂亮，可作为观赏葫芦用。

【濒危状况及保护措施建议】少数农户零星种植，收集困难。建议异位妥善保存，扩大种植面积。

005 城西南瓜（P330424004）

【学　名】Cucurbitaceae（葫芦科）*Cucurbita*（南瓜属）*Cucurbita moschata*（中国南瓜）。

【采集地】浙江省嘉兴市海盐县。

【主要特征特性】叶形掌状，叶色绿，叶面白斑少，蔓粗14.32mm，叶长37.02cm，叶宽52.34cm。瓜形盘形，瓜面多棱，棱沟中等，瓜顶凹，近瓜蒂端凹。单瓜重7.58kg，纵径14.00cm，横径32.50cm，瓜脐直径16.00mm。老瓜皮色黄褐色，无瓜面斑纹，肉色黄色，口感细、微甜、有清香。当地农户认为该品种优质、抗病、抗虫、抗旱、耐贫瘠。

【优异特性与利用价值】品质较好，一般蒸煮食用。也可作为育种材料。

【濒危状况及保护措施建议】在异位妥善保存的同时，建议扩大种植面积。

006 梨形南瓜（2017331093）

【学　名】Cucurbitaceae（葫芦科）*Cucurbita*（南瓜属）*Cucurbita moschata*（中国南瓜）。

【采集地】浙江省杭州市淳安县。

【主要特征特性】叶形掌状，叶色绿，叶面白斑少，蔓粗13.76mm，叶长31.25cm，叶宽45.25cm。瓜形梨形，瓜面多棱，棱沟浅，瓜顶平，近瓜蒂端平。单瓜重2.34kg，纵径19.50cm，横径15.75cm，瓜脐直径27.00mm。老瓜皮色黄褐色，表皮上有绿色条状斑纹，肉色黄色，口感粗、粉、微甜、有清香。当地农户认为该品种较粉、甜。

【优异特性与利用价值】口感粉甜，一般蒸煮食用。可作为育种材料。

【濒危状况及保护措施建议】在异位妥善保存的同时，建议扩大种植面积。

007 麻子南瓜（P330521015）

【学　名】Cucurbitaceae（葫芦科）Cucurbita（南瓜属）Cucurbita moschata（中国南瓜）。

【采集地】浙江省湖州市德清县。

【主要特征特性】叶形掌状，叶色绿，叶面白斑少，蔓粗12.41mm，叶长37.50cm，叶宽50.25cm。瓜形盘形，瓜面多棱，棱沟中等，瓜顶平，近瓜蒂端平。单瓜重6.41kg，纵径16.80cm，横径24.30cm，瓜脐直径16.00mm。老瓜皮色黄褐色，表皮上有蓝绿色块状瓜面斑纹，肉色黄色，口感细、甜、有清香、有水析出。当地农户认为该品种抗旱，果实圆形，外皮上有麻点。

【优异特性与利用价值】一般蒸煮食用或饲用，可作为育种材料。

【濒危状况及保护措施建议】在异位妥善保存的同时，建议扩大种植面积。

008 麦饼金瓜（P330726009）

【学　名】Cucurbitaceae（葫芦科）*Cucurbita*（南瓜属）*Cucurbita moschata*（中国南瓜）。

【采集地】浙江省金华市浦江县。

【主要特征特性】叶近圆形，叶色绿，叶面白斑少，蔓粗15.38mm，叶长39.02cm，叶宽47.16cm。瓜形盘形，瓜面多棱，棱沟中等，瓜顶凹，近瓜蒂端凹。单瓜重10.40kg，纵径17.80cm，横径32.80cm，瓜脐直径18.00mm。老瓜皮色黄褐色，表皮上有绿色网状瓜面斑纹，肉色黄色，口感松、纤维粗、味甜、有清香。当地农户认为该品种优质、耐贫瘠。

【优异特性与利用价值】一般蒸煮食用，也可饲用。品质较好，可作为育种材料。

【濒危状况及保护措施建议】在异位妥善保存的同时，建议扩大种植面积。

009 建德糯米丝瓜（P330182018）

【学　名】Cucurbitaceae（葫芦科）*Luffa*（丝瓜属）*Luffa cylindrica*（普通丝瓜）。

【采集地】浙江省杭州市建德市。

【主要特征特性】叶色深绿色，叶形掌状深裂，叶长29.0cm，叶宽24.0cm，叶柄长6.0cm。第一雌花节位21.0节，主/侧蔓结瓜。瓜形短圆筒形，瓜长28.0cm，瓜横径4.9cm，近瓜蒂端瓶颈形，瓜顶短钝尖；瓜皮黄绿色，近瓜蒂端黄绿色。瓜面微皱、瓜瘤稀、有光泽、无蜡粉，单瓜重358.0g，距瓜顶1/3处横切面的果肉厚4.3cm，瓜肉白绿色，肉质细腻，口感好。一般取嫩瓜食用，炒食后颜色绿。也可取老瓜络用。

【优异特性与利用价值】口感好，瓜形正，可用作丝瓜育种材料。

【濒危状况及保护措施建议】少数农户零星种植，收集困难。建议异位妥善保存，扩大种植面积。

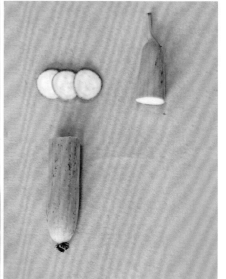

010 桐乡白美人（2018331473）

【学　名】Cucurbitaceae（葫芦科）*Luffa*（丝瓜属）*Luffa cylindrica*（普通丝瓜）。

【采集地】浙江省嘉兴市桐乡市。

【主要特征特性】叶色深绿色，叶形掌状浅裂，叶长20.0cm，叶宽20.0cm，叶柄长5.0cm。第一雌花节位21.0节，主/侧蔓结瓜。瓜形短圆筒形，瓜长18.5cm，瓜横径5.0cm，近瓜蒂端瓶颈形，瓜顶钝圆；瓜皮白色，近瓜蒂端深绿色。瓜面平滑、无瓜瘤、有光泽、无蜡粉，单瓜重218.0g，距瓜顶1/3处横切面的果肉厚3.8cm，瓜肉白绿色。

【优异特性与利用价值】一般取嫩瓜食用，也可取老瓜络用；可用作丝瓜育种材料。

【濒危状况及保护措施建议】少数农户零星种植，收集困难。建议异位妥善保存，扩大种植面积。

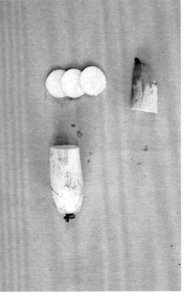

第二节 茄果类种质资源

001 昌化黄朝天椒（2019334499）

【学　名】Solanaceae（茄科）*Capsicum*（辣椒属）*Capsicum annuum*（辣椒）。

【采集地】浙江省杭州市临安区。

【主要特征特性】该辣椒地方品种在当地种植30年以上，主要为露地栽培。该辣椒为簇生朝天椒，青熟果亮黄色，果实辣味浓，味道鲜美，外形漂亮。经浙江省农业科学院蔬菜研究所种植鉴定，该辣椒地方品种的青熟果为亮黄色，果面光泽好，花梗直立，果实为短指形，单果重约10.0g，辣味极浓。

【优异特性与利用价值】该辣椒地方品种的果实为亮黄色，果实鲜香，辣味浓，口感好，品质优，鲜食和加工兼用。

【濒危状况及保护措施建议】在杭州市临安区各乡镇有农户种植，建议扩大种植面积。

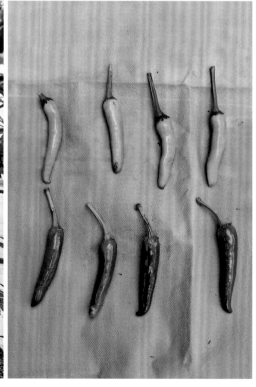

002 景宁灯笼椒（2018332058）

【学　名】Solanaceae（茄科）*Capsicum*（辣椒属）*Capsicum annuum*（辣椒）。

【采集地】浙江省丽水市景宁畲族自治县。

【主要特征特性】该辣椒地方品种在当地种植30年以上，主要为高山栽培。该辣椒的果形较为独特，为短锥形灯笼果，果实微辣，品质优，高产，耐冷凉，特别适合高山栽培，主要用作鲜食。经浙江省农业科学院蔬菜研究所种植鉴定，该辣椒地方品种的果实为短锥形，中下部有明显的凹陷，果形较独特，单果重约40.0g，果实产量高。

【优异特性与利用价值】该辣椒地方品种果形独特，果实微辣，主要用作鲜食，果实中等大小，产量高，耐冷凉，特别适合高山栽培。

【濒危状况及保护措施建议】在景宁畲族自治县各乡镇有农户种植，建议扩大种植面积。

 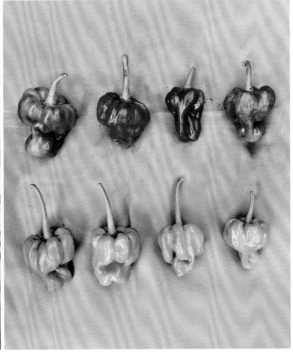

003 柯城白辣椒（P330802016）

【学　名】Solanaceae（茄科）*Capsicum*（辣椒属）*Capsicum annuum*（辣椒）。

【采集地】浙江省衢州市柯城区。

【主要特征特性】该地方品种在当地种植30年以上，主要为露地栽培。辣椒果实品质优、抗病、抗虫、耐热；果实辣味浓，青熟果特别白，喜阴凉，不抗旱，主要用作鲜食。经浙江省农业科学院蔬菜研究所种植鉴定，该地方品种青熟果为亮白色，果面光滑无皱，单果重22.0g左右，果实为长羊角形，品相佳。

【优异特性与利用价值】该辣椒地方品种果形美，果面光泽特别亮，果实口感好、品质优，深受当地市场欢迎，可用作辣椒品质育种的材料。

【濒危状况及保护措施建议】在柯城区各乡镇有农户种植，建议扩大种植面积。

004 岭洋紫辣椒（2018333290）

【学　名】Solanaceae（茄科）*Capsicum*（辣椒属）*Capsicum annuum*（辣椒）。

【采集地】浙江省衢州市衢江区。

【主要特征特性】该辣椒地方品种在当地种植历史较长，达50年以上，主要为露地栽培。该辣椒的果实为长羊角形，青熟果亮紫色，微辣，有淡淡甜味，品质好，主要用作鲜食。经浙江省农业科学院蔬菜研究所种植鉴定，该辣椒地方品种的青熟果为亮紫色，长羊角形，果色较为亮眼、独特，单果重约26.0g，辣味淡。

【优异特性与利用价值】该辣椒地方品种的果实为亮紫色，较为独特，且果实微辣，口感好，品质优，深受当地市场欢迎，也可作为育种材料。

【濒危状况及保护措施建议】在衢江区各乡镇有农户种植，建议扩大种植面积。

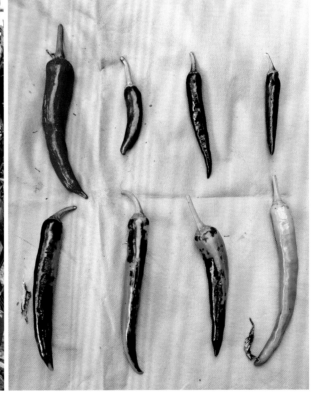

第三节　菜用豆类种质资源

001 开化四季豆（2018332405）

【学　名】Leguminosae（豆科）Phaseolus（菜豆属）Phaseolus vulgaris（菜豆）。

【采集地】浙江省衢州市开化县。

【主要特征特性】植株蔓生。小叶近菱形，叶片浅绿色，叶片脱落性为部分脱落。始花节位3.7节。结荚部位均匀分布，软荚，嫩荚长扁条形，长19.2cm，宽1.1cm，喙长0.3cm，荚面凸，质地平滑，嫩荚横切面桃形，嫩荚浅绿色，微弯曲，有缝线，缝线绿色，平均单荚重13.6g，平均单株结荚数48.0个，单荚种子数8.7粒。种子肾形，种皮双色，种皮斑纹为宽条斑，斑纹色为褐色，千粒重255.1g。

【优异特性与利用价值】嫩荚荚形漂亮，可作为育种材料。

【濒危状况及保护措施建议】少数农户零星种植，收集困难。建议异位妥善保存，扩大种植面积。

002 兰溪白花白荚（P330781018）

【学　名】Leguminosae（豆科）Phaseolus（菜豆属）Phaseolus vulgaris（菜豆）。

【采集地】浙江省金华市兰溪市。

【主要特征特性】植株蔓生。小叶近圆形，叶片绿色，叶片脱落性为部分脱落。始花节位3.7节。结荚部位均匀分布，软荚，嫩荚长扁条形，长16.8cm，宽1.7cm，喙长0.4cm，荚面微凸，质地平滑，嫩荚横切面长梨形，嫩荚浅绿色，微弯曲，有缝线，缝线绿色，平均单荚重15.0g，平均单株结荚数24.0个，单荚种子数8.7粒。种子肾形，种皮红褐色，千粒重250.1g。

【优异特性与利用价值】嫩荚长扁条形，荚形漂亮，可作为育种材料。

【濒危状况及保护措施建议】少数农户零星种植，收集困难。建议异位妥善保存，扩大种植面积。

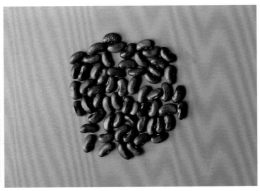

003 庆元四季豆（2018332240）

【学　名】Leguminosae（豆科）*Phaseolus*（菜豆属）*Phaseolus vulgaris*（菜豆）。

【采集地】浙江省丽水市庆元县。

【主要特征特性】植株蔓生。小叶近圆形，叶片绿色，叶片脱落性为部分脱落。始花节位3.7节。结荚部位均匀分布，软荚，嫩荚长扁条形，长18.7cm，宽1.1cm，喙长0.3cm，荚面凸，质地平滑，嫩荚横切面桃形，嫩荚浅绿色，微弯曲，有缝线，缝线绿色，平均单荚重13.8g，平均单株结荚数25.8个，单荚种子数8.7粒。种子卵圆形，种皮褐色，千粒重240.1g。

【优异特性与利用价值】嫩荚荚形漂亮，可作为育种材料。

【濒危状况及保护措施建议】少数农户零星种植，收集困难。建议异位妥善保存，扩大种植面积。

004 八月豇（2018335503）

【学　名】Leguminosae（豆科）*Vigna*（豇豆属）*Vigna unguiculata*（豇豆）。

【采集地】浙江省嘉兴市嘉善县。

【主要特征特性】植株蔓生，早衰。花紫色，每花序花朵数3.7朵，花序柄绿色，长19.7cm；叶长16.8cm、宽10.7cm，叶绿色，长卵菱形，叶柄长8.7cm；节间长18.7cm，茎绿色；单株分枝数2.3枝；初荚节位3.7节，嫩荚浅绿色，喙绿色，软荚，荚面微凸，嫩荚长67.3cm，嫩荚宽0.7cm，嫩荚厚0.8cm，单荚重28.6g，荚面纤维极少，背缝线绿色，腹缝线绿色，单荚粒数18.3粒，单花梗荚数2.3荚，平均单株结荚数17.3个，成熟荚黄橙色，长圆条形。种子肾形，种皮红色，脐环黑色，百粒重13.5g。对日照不敏感，全生育期79天。中抗锈病和白粉病，抗病毒病。

【优异特性与利用价值】嫩荚比较长，病毒病抗性强，可作为育种亲本。

【濒危状况及保护措施建议】少数农户零星种植，收集困难。建议异位妥善保存，扩大种植面积。

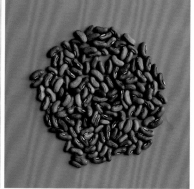

005 武义黑豇豆（2018331100）

【学　名】Leguminosae（豆科）*Vigna*（豇豆属）*Vigna unguiculata*（豇豆）。

【采集地】浙江省金华市武义县。

【主要特征特性】植株蔓生，早衰。花紫色，每花序花朵数4.0朵，花序柄绿色，长11.0cm；叶长13.5cm、宽9.0cm，叶深绿色，长卵菱形，叶柄长8.2cm；节间长14.0cm，茎绿色；单株分枝数2.0枝；初荚节位3.0节，嫩荚浅绿色，喙红色，软荚，荚面较平，嫩荚长58.3cm，嫩荚宽0.9cm，嫩荚厚0.8cm，单荚重23.0g，荚面纤维无，背缝线浅绿色，腹缝线浅绿色，单荚粒数17.7粒，单花梗荚数2.7荚，平均单株结荚数20.0个，成熟荚黄白色，长圆条形。种子肾形，种皮黑色，脐环黑色，百粒重19.5g。对日照不敏感，全生育期79天。抗锈病、病毒病、白粉病。

【优异特性与利用价值】嫩荚长58.3cm，锈病和病毒病抗性强，可作为育种亲本。

【濒危状况及保护措施建议】少数农户零星种植，收集困难。建议异位妥善保存，扩大种植面积。

006 红豇豆（2017332062）

【学　名】Leguminosae（豆科）*Vigna*（豇豆属）*Vigna unguiculata*（豇豆）。

【采集地】浙江省杭州市建德市。

【主要特征特性】植株蔓生，早衰。花紫色，每花序花朵数2.0朵，花序柄紫色，长14.2cm；叶长12.2cm、宽6.7cm，叶绿色，长卵菱形，叶柄长7.2cm；节间长10.8cm，茎紫色；单株分枝数2.7枝；初荚节位6.3节，嫩荚紫红色，喙黄绿色，软荚，荚面凸，嫩荚长41.3cm，嫩荚宽0.6cm，嫩荚厚0.5cm，单荚重15.5g，荚面纤维少，背缝线紫红色，腹缝线紫红色，单荚粒数16.3粒，单花梗荚数2.7荚，平均单株结荚数29.7个，成熟荚紫红色，长圆条形。种子肾形，种皮红色，脐环黑色，百粒重9.2g。对日照不敏感，全生育期83天。中抗锈病，抗病毒病、白粉病。

【优异特性与利用价值】嫩荚紫红色，颜色比较亮、艳，白粉病抗性强，可作为育种亲本。

【濒危状况及保护措施建议】少数农户零星种植，收集困难。建议异位妥善保存，扩大种植面积。

007 长豇豆（2018334468）

【学　名】Leguminosae（豆科）*Vigna*（豇豆属）*Vigna unguiculata*（豇豆）。

【采集地】浙江省杭州市临安区。

【主要特征特性】植株蔓生，早衰。花紫色，每花序花朵数3.0朵，花序柄绿色，长14.5cm；叶长13.3cm、宽9.2cm，叶绿色，卵菱形，叶柄长9.3cm；节间长16.3cm，茎绿色；单株分枝数3.3枝；初荚节位3.3节，嫩荚浅绿色，喙红色，软荚，荚面凸，嫩荚长51.8cm，嫩荚宽0.6cm，嫩荚厚0.7cm，单荚重13.8g，荚面纤维少，背缝线绿色，腹缝线绿色，单荚粒数17.7粒，单花梗荚数2.7荚，平均单株结荚数14.0个，成熟荚黄白色，长圆条形。种子肾形，种皮黑色，脐环黑色，百粒重15.0g。对日照不敏感，全生育期81天。抗锈病，中抗病毒病、白粉病。

【优异特性与利用价值】锈病抗性强，可作为育种材料。

【濒危状况及保护措施建议】少数农户零星种植，收集困难。建议异位妥善保存，扩大种植面积。

第四节 叶菜类种质资源

001 绣花锦（P330502014）

【学　名】Brassicaceae（十字花科）Brassica（芸薹属）*Brassica chinensis*（白菜）*Brassica campestris* subsp. *chinensis*（不结球白菜）。

【采集地】浙江省湖州市吴兴区。

【主要特征特性】株高37.0cm，株幅52.0cm，叶数9.0片，叶长43.7cm，叶宽22.8cm，叶柄长20.7cm，叶柄宽4.2cm，叶柄厚6.8mm，短缩茎纵径14.0mm，短缩茎横径21.0mm，单株重661.0g。半直立，不束腰，板叶，叶椭圆形，叶顶端钝尖，叶缘中度波状，叶面多皱、无蜡粉，叶绿色，叶脉明显，叶面光泽度强，叶柄绿白色，叶柄横切面半圆形。

【优异特性与利用价值】湖州特色品种，具有特殊米香气味。

【濒危状况及保护措施建议】分布面积较广，建议异位保存。

002 长梗白菜（2018331433）

【学　名】Brassicaceae（十字花科）*Brassica*（芸薹属）*Brassica chinensis*（白菜）*Brassica campestris* subsp. *chinensis*（不结球白菜）。

【采集地】浙江省嘉兴市桐乡市。

【主要特征特性】株高21.8cm，株幅28.6cm，叶数11.0片，叶长28.8cm，叶宽12.2cm，叶柄长14.2cm，叶柄宽2.7cm，叶柄厚4.0mm，短缩茎纵径25.0mm，短缩茎横径21.0mm，单株重888.0g。直立，束腰，板叶，叶长卵形，叶顶端钝尖，叶缘无波状，叶面平滑、无蜡粉，叶色深绿，叶脉明显，叶面光泽度中等，叶柄白色，叶柄横切面扁圆形。

【优异特性与利用价值】干物质含量高，适合加工做腌菜。

【濒危状况及保护措施建议】分布面积较广，建议收集异位保存。

003 红苋菜（P330900014）

【学　名】Amaranthaceae（苋科）*Amaranthus*（苋属）*Amaranthus* spp.（苋菜）。

【采集地】浙江省舟山市定海区。

【主要特征特性】幼苗叶面紫红色，叶背紫红色，成株期叶近圆形，叶面紫色，叶背紫色，叶缘全缘，叶面皱缩、无刺毛，叶长8.8cm，叶宽9.0cm，叶片尖端形状尖，叶柄长3.8cm，叶柄紫红色，叶基圆形，叶着生状态为直角；单株分枝数5.0枝，茎紫红色，茎枝无刺毛，叶数6.0片；植株株型为单茎型。

【优异特性与利用价值】叶正面深紫红色，背面紫红色。

【濒危状况及保护措施建议】少数农户零星种植，收集困难。建议异位妥善保存，扩大种植面积。

004 红叶春（P330683013）

【学　名】Brassicaceae（十字花科）*Brassica*（芸薹属）*Brassica juncea*（芥菜）。

【采集地】浙江省绍兴市嵊州市。

【主要特征特性】株高46cm，株幅70cm，株型塌地，分蘖性弱。叶型为板叶，叶倒卵形，叶顶端圆，叶缘波状，叶面微皱、无刺毛、无蜡粉，叶紫绿色，叶长53cm，叶宽33cm，叶柄浅绿色，无叶瘤，不结球。

【优异特性与利用价值】富含花青素，是天然色素开发利用的良好资源。可用于花青素提取及重要控制基因挖掘，在园艺、医药、食品等方面具有较高的应用潜力和研究价值。

【濒危状况及保护措施建议】少数农户零星种植。建议当地及异位妥善保存，扩大种植面积。

005 鸡啄芥（P330328002）

【学　名】Brassicaceae（十字花科）*Brassica*（芸薹属）*Brassica juncea*（芥菜）。

【采集地】浙江省温州市文成县。

【主要特征特性】株高50cm，株幅71cm，株型半直立，分蘖性中等。叶型为板叶，叶长倒卵形，叶顶端尖，叶缘深锯齿，叶面皱、无刺毛、无蜡粉，叶黄绿色，叶长59cm，叶宽37cm，叶柄浅绿色，无叶瘤，不结球。

【优异特性与利用价值】叶黄绿色、叶面皱，可用于叶型、叶色、叶面褶皱等重要控制基因挖掘，具有较高的应用潜力和研究价值。

【濒危状况及保护措施建议】少数农户零星种植，收集困难。建议当地及异位妥善保存，扩大种植面积。

006 兰溪落汤青（P330781016）

【学　名】Brassicaceae（十字花科）*Brassica*（芸薹属）*Brassica juncea*（芥菜）。

【采集地】浙江省金华市兰溪市。

【主要特征特性】株高42cm，株幅62cm，株型塌地，分蘖性中等。叶型为板叶，叶阔椭圆形，叶顶端阔圆，叶缘全缘，叶面皱、无刺毛、无蜡粉、叶深绿色，叶长42cm，叶宽27cm，叶柄白绿色，无叶瘤，不结球。

【优异特性与利用价值】颜色青如碧玉、不变色、味道清口、略带苦味，有清凉理气的药用价值，也可用于叶型等重要控制基因挖掘，具有较高的应用潜力和研究价值。

【濒危状况及保护措施建议】在浙江兰溪有一定的栽培面积，由于依赖当地独特的地理气候条件，异地栽培口感变差，有一定的地域局限性。建议当地妥善保存，扩大种植面积。

007 水流芥（P330604001）

【学　名】Brassicaceae（十字花科）*Brassica*（芸薹属）*Brassica juncea*（芥菜）。

【采集地】浙江省绍兴市上虞区。

【主要特征特性】株高46cm，株幅58cm，株型半直立，分蘖性中等。叶型为板叶，叶长椭圆形，叶顶端尖，叶缘浅锯齿，叶面平滑、无刺毛、无蜡粉，叶深绿色，叶长46cm，叶宽27cm，叶柄白绿色，无叶瘤，不结球。

【优异特性与利用价值】绍兴地区的地方品种，其叶形美观，既可食用及加工，又具有潜在的观赏价值。

【濒危状况及保护措施建议】建议当地及异位妥善保存，扩大种植面积。

008 雪里蕻（P330282015）

【学　名】Brassicaceae（十字花科）*Brassica*（芸薹属）*Brassica juncea*（芥菜）。

【采集地】浙江省宁波市慈溪市。

【主要特征特性】株高30cm，株幅50cm，株型半直立，分蘖性强。叶型为花叶，叶倒披针形，叶顶端尖，叶缘复锯齿，叶裂回数一回，叶面平滑、无刺毛、无蜡粉，叶深绿色，叶长30cm，叶宽10cm，叶柄浅绿色，无叶瘤，不结球。

【优异特性与利用价值】株型紧凑、分蘖性强、适合密植，亦可用于株型、叶型等重要控制基因挖掘，具有较高的应用潜力和研究价值。

【濒危状况及保护措施建议】建议当地及异位妥善保存，扩大种植面积。

009 猪血芥（P331081022）

【学　名】Brassicaceae（十字花科）*Brassica*（芸薹属）*Brassica juncea*（芥菜）。

【采集地】浙江省台州市温岭市。

【主要特征特性】株高45cm，株幅77cm，株型开展，分蘖性弱。叶型为板叶，叶长倒卵形，叶顶端钝尖，叶缘深锯齿，叶面微皱、无刺毛、无蜡粉，叶紫绿色，叶长55cm，叶宽35cm，叶柄绿色，无叶瘤，不结球。

【优异特性与利用价值】含花青素，是天然色素开发利用的良好资源。可用于花青素提取及重要控制基因挖掘，在园艺、医药、食品等方面具有较高的应用潜力和研究价值。

【濒危状况及保护措施建议】建议当地及异位妥善保存，扩大种植面积。

第五节　根菜类种质资源

001 海宁榨菜（P330481004）

【学　名】Brassicaceae（十字花科）*Brassica*（芸薹属）*Brassica juncea*（芥菜）。

【采集地】浙江省嘉兴市海宁市。

【主要特征特性】株高53.0cm，株幅71.0cm，株型开展，分蘖性中等。叶型为板叶，叶长倒卵形，叶顶端尖，叶缘深锯齿，叶裂刻为浅裂，叶裂回数一回，叶面平，叶绿色，叶脉浅绿色，叶柄白绿色，肉茎类型为茎瘤，肉茎皮色浅绿，肉茎肉瘤形状近圆。

【优异特性与利用价值】茎用型，可用作芥菜育种材料。

【濒危状况及保护措施建议】少数农户零星种植，收集困难。建议异位妥善保存，扩大种植面积。

002 舟山海萝卜（P330900003）

【学　名】Brassicaceae（十字花科）*Raphanus*（萝卜属）*Raphanus sativus*（萝卜）。

【采集地】浙江省舟山市嵊泗县。

【主要特征特性】株高41.0cm，株幅70.0cm。叶长59.0cm，叶宽18.0cm，小裂片7.0对，叶13.0片，花叶，叶全裂，叶绿色，叶柄绿色。肉根未露出地面，肉根总长16.0cm，肉根粗4.5cm，肉根重124.0g，肉根倒长锥形，肉根基部尖锐形，根肉白色，地上皮白色，地下皮白色。

【优异特性与利用价值】根不膨大、种子落粒，为野生萝卜。花蓝紫色，具有观赏价值。经相关专家鉴定，舟山海萝卜是我国首份发现的野生萝卜活体，证实了野生萝卜在我国的分布，为萝卜的起源进化研究提供了基础材料。该野生萝卜生长在海边，具有潜在的耐盐碱能力。

【濒危状况及保护措施建议】舟山海萝卜在嵊泗县域各岛均有分布。具有和栽培萝卜混杂风险，可收集异位保存。

003 小金钟萝卜（P330281024）

【学　名】Brassicaceae（十字花科）*Raphanus*（萝卜属）*Raphanus sativus*（萝卜）。

【采集地】浙江省宁波市余姚市。

【主要特征特性】株高29.7cm，株幅53.0cm。叶长37.0cm，叶宽13.3cm，小裂片7.3对，叶19.7片，板叶，叶全裂，叶绿色，叶柄浅绿色。肉根地上长7.3cm，肉根总长11.0cm，肉根粗10.7cm，肉根重691.3g，肉根软圆形，肉根基部阔圆形，根肉白色，地上皮白色，地下皮白色。早熟性好，可熟食，也可鲜食，鲜食口感脆。

【优异特性与利用价值】形状漂亮，似倒挂金钟，早熟性好。

【濒危状况及保护措施建议】分布面积较小，可收集异位保存。

004 一点红（2018334104）

【学　名】Brassicaceae（十字花科）*Raphanus*（萝卜属）*Raphanus sativus*（萝卜）。

【采集地】浙江省宁波市奉化区。

【主要特征特性】株高36.7cm，株幅44.3cm。叶长32.3cm，叶宽11.7cm，叶16.7片，板叶，叶无裂刻，叶绿色，叶柄浅绿色。肉根地上长5.7cm，肉根总长14.3cm，肉根粗6.7cm，肉根重385.0g，肉根短圆柱形，肉根基部尖形，根肉白色，地上皮粉红色，地下皮白色。

【优异特性与利用价值】耐寒，熟食。

【濒危状况及保护措施建议】分布面积较广，可收集异位保存。

第六节 水生蔬菜种质资源

001 店头三根葱（2018333621）

【学　名】Cyperaceae（莎草科）*Heleocharis*（荸荠属）*Heleocharis dulcis*（荸荠）。

【采集地】浙江省台州市黄岩区。

【主要特征特性】株高95.0cm，叶状茎直径0.52cm，花序长3.4cm。球茎近圆形，球茎长横径4.6cm，球茎短横径2.9cm，纵径2.1cm。球茎脐部稍凹，侧芽小，皮色深红褐。单个球茎重约23.0g。中熟，4月下旬育苗，6月中下旬分株移栽，株行距40.0cm×50.0cm，水位5.0~8.0cm。12月采收，平均亩产1600.0kg。

【优异特性与利用价值】分蘖能力强，产量高。个大，肉白味甜，适宜鲜食和加工制罐。

【濒危状况及保护措施建议】在异位妥善保存的同时，建议扩大种植面积。

002 小蜡台（P330122019）

【学　名】Gramineae（禾本科）*Zizania*（菰属）*Zizania latifolia*（茭白）。

【采集地】浙江省杭州市桐庐县。

【主要特征特性】双季茭，株型紧凑，早熟，叶鞘紫绿色。夏季株高169.0cm，叶长120.4cm，叶宽3.3cm，总分蘖数13.0个，其中有效分蘖数12.4个。夏茭壳茭重134.1g，净茭重90.5g，肉质茎长15.3cm、粗3.7cm。采收期5月初至5月下旬。肉质茎表皮光滑，呈长条形，白色，肉质致密。秋季株高201.6cm，叶长116.6cm，叶宽3.2cm，总分蘖数24.6个，其中有效分蘖数11.3个。秋茭壳茭重91.1g，净茭重65.2g，肉质茎长19.8cm、粗3.1cm。采收期10月中旬至11月中旬。

【优异特性与利用价值】肉质茎表皮光滑，肉质细嫩。

【濒危状况及保护措施建议】在异位妥善保存的同时，建议扩大种植面积。

003 胥仓雪藕（P330522014）

【学　名】Nelumbonaceae（莲科）*Nelumbo*（莲属）*Nelumbo nucifera*（莲）。

【采集地】浙江省湖州市长兴县。

【主要特征特性】立叶深绿色，白色花，最大立叶柄长168.0cm，横径2.2cm，叶片直径67.0cm。中晚熟品种，4月中旬种植，8月下旬至次年3月均可采收，全生育期160天。主藕5或6节，重3.2kg左右，藕把长，藕身圆筒形，表皮白色，顶芽玉黄色，塘栽，整支全藕重9.8kg，亩产2500.0～3000.0kg。可采收青荷藕，质细嫩、味甜，也可采收老熟藕，粉糯，可炖食。

【优异特性与利用价值】原产地主要塘栽，商品性好，产量高，能结实。可作为育种材料。

【濒危状况及保护措施建议】在异位妥善保存的同时，建议扩大种植面积。

004 尼姑菱（P330421026）

【学　名】Trapaceae（菱科）*Trapa*（菱属）*Trapa acornis*（无角菱）。

【采集地】浙江省嘉兴市嘉善县。

【主要特征特性】又名圆菱、和尚菱、元宝菱、无角菱，产自浙江嘉兴南湖。早中熟，4月上旬播种，8月下旬至10月下旬采收，亩产约680.0kg。品质好，肉硬而带粳性，果皮绿白色，幼菱有四角，后期四角退化，仅剩痕迹，果形中等，单果重13.0g左右，皮较薄，果重与肉重之比约为1.5∶1。易落果，果实成熟后必须及时采收。生长时要求水位适中，土壤肥沃。耐热不耐寒，抗风浪力较弱。

【优异特性与利用价值】国家地理标志性特色农产品，商品性好。

【濒危状况及保护措施建议】在异位妥善保存的同时，建议扩大种植面积。

第三章

果树作物优异种质资源

第一节　仁果类种质资源

001 | 黄樟梨（2018334144）

【学　名】Rosaceae（蔷薇科）*Pyrus*（梨属）*Pyrus pyrifolia*（砂梨）。

【采集地】浙江省绍兴市诸暨市。

【主要特征特性】幼叶黄绿色，有少量暗红褐色素沉积，幼叶正反面及幼嫩新梢表面覆盖有白色茸毛。成熟叶片叶基圆形，叶尖急尖，叶缘锐锯齿，无茸毛。果实近圆形，暗绿黄色，多锈斑且在果梗处较集中。梗洼浅、窄，萼洼窄，萼片脱落。果肉乳白色，3~5心室，以5心室为主。风味甜，不酸，粗，硬，鲜食品质一般。浙江诸暨地区9月下旬成熟，平均可溶性固形物含量11.1%，平均单果重130.7g。

【优异特性与利用价值】抗性较好，果实品质一般，晚熟。可作为晚熟抗病品种选育的亲本。

【濒危状况及保护措施建议】紧靠在废弃村舍墙边，无人管护，随时都有被破坏的危险。建议在国家/省级资源圃内进行无性繁殖异位保存的同时，将其列入古树名木目录，加强在原生地的保护与管理。

002 糠梨（2018334403）

【学　名】Rosaceae（蔷薇科）*Pyrus*（梨属）*Pyrus pyrifolia*（砂梨）。

【采集地】浙江省杭州市临安区。

【主要特征特性】新梢黄绿色，成熟叶缘具锐锯齿，叶基截形，叶尖渐尖。果实葫芦形，最大横径位置近萼部，果皮绿色，果点暗褐色，极大且密度高。梗部有凸起，梗洼浅、窄，萼片脱落。果肉白色，风味酸涩，肉质多渣、多汁、松脆。5心室，果心小，位置近萼端。浙江临安地区10月上旬成熟。大果型。平均可溶性固形物含量10.5%，平均单果重897.7g。

【优异特性与利用价值】极晚熟、特大果型，对晚熟品种选育有一定的利用价值。

【濒危状况及保护措施建议】分布在村舍院内，有人管护。建议在国家/省级资源圃内进行无性繁殖，异位保存的同时，将其列入古树名木目录，加强在原生地的保护与管理。

003 霉棠梨（大菊花）（P330111035）

【学　名】Rosaceae（蔷薇科）*Pyrus*（梨属）*Pyrus pyrifolia*（砂梨）。

【采集地】浙江省杭州市富阳区。

【主要特征特性】成熟叶缘具圆锯齿，叶基圆形，叶尖急尖，叶背无茸毛。果实圆形至长圆形，果皮褐色，果点灰褐色，小且密。果肉淡黄色，涩味少，可带皮鲜食，少汁，甜酸。树上后熟后，软糯，少渣，品质好。果肉存在木栓化/空腔现象。5心室，果心较小。抗病性好。浙江富阳地区10月上旬成熟，平均可溶性固形物含量11.1%，平均单果重72.5g。

【优异特性与利用价值】果形圆整，果皮无涩味。当地习惯蒸煮或自然后熟后食用。可用作砂梨果实品质形成研究的材料。可直接开发生产。

【濒危状况及保护措施建议】分布在茶园内，无专人管护，随时都有被砍伐破坏的危险。建议在国家/省级资源圃内进行无性繁殖、异位保存的同时，将其列入古树名木目录，加强在原生地的保护与管理。

004 文成瓠瓜梨（P330328008）

【学　名】Rosaceae（蔷薇科）*Pyrus*（梨属）*Pyrus pyrifolia*（砂梨）。

【采集地】浙江省温州市文成县。

【主要特征特性】杭州地区3月底盛花，花蕾白色偏淡黄，花瓣圆形、重叠，花药颜色淡，色素沉积少。幼叶暗红褐色，密被茸毛。成熟叶缘具圆锯齿，叶基圆形，叶尖渐尖，叶背无茸毛。果树短颈葫芦形，果皮黄绿色，果点暗褐色，大且密，果面有锈斑并在近梗端集中。梗洼浅且窄，萼洼广、浅，萼片残存。果肉白色，肉质细、紧实、汁液少，偏酸，风味浓郁可口，有食欲。大果型，均在500.0g以上。浙江杭州地区9月底10月初成熟，平均可溶性固形物含量13.4%，平均单果重610.2g。

【优异特性与利用价值】为晚熟、优质、大果型特色资源。可作为晚熟品种改良的亲本。

【濒危状况及保护措施建议】在当地有小规模种植。建议同时在国家/省级资源圃内无性繁殖、异位保存。

005 云和细花雪梨（P331125001）

【学　名】Rosaceae（蔷薇科）*Pyrus*（梨属）*Pyrus pyrifolia*（砂梨）。

【采集地】浙江省丽水市云和县。

【主要特征特性】果实近圆形，果皮黄绿色，果面具蜡质，有锈斑。果点黄褐色较明显。果梗基部无肉质，梗洼浅且窄，有肋状隆起。果肉白色，肉质松脆、稍粗，汁液丰富，甜，略有涩味。果皮涩味浓。5心室。浙江云和地区9月下旬成熟，大果型，平均单果重610.0g。

【优异特性与利用价值】为晚熟、优质、大果型特色资源。可作为晚熟品种改良的亲本。

【濒危状况及保护措施建议】在当地有规模种植。建议在国家/省级资源圃内无性繁殖、异位保存。

006 太平白（P331102024）

【学　名】Rosaceae（蔷薇科）*Eriobotrya*（枇杷属）*Eriobotrya japonica*（枇杷）。

【采集地】浙江省丽水市莲都区。

【主要特征特性】乔木，树势中庸，在丽水市莲都区，头批花盛花期为11月上中旬，第二批花盛花期为12月上中旬，以第二批花结果为主，果实5月中下旬成熟。果近圆形，果面茸毛较厚，果顶平或微凹，萼片小、稍开裂；果皮橙黄色，果肉白色稍带乳黄色；平均单果重27.1g。种子数2.2粒/果，种子小，种子重2.4g/果，可食率75.3%；肉厚、质细嫩、味鲜甜、汁多，可溶性固形物含量13.6%，可滴定酸含量0.4%；该品种抗病性好，果面洁净、果锈少，山地种植不裂果、无日灼、无紫斑，成花容易，丰产性、稳产性好，综合性状较好，唯果偏小。

【优异特性与利用价值】该品种丰产、可食率高、抗病性好，山地种植不裂果，可用作枇杷育种材料。

【濒危状况及保护措施建议】该品种主要分布在丽水市莲都区太平乡，分布地区比较窄，为当地特色资源，建议当地重点保护，扩大种植面积。

第二节 核果类种质资源

001 文成火炭桃（P330328007）

【学　　名】Rosaceae（蔷薇科）*Prunus*（李属）*Amygdalus*（桃亚属）*Prunus persica*（桃）。

【采集地】浙江省温州市文成县。

【主要特征特性】普通桃。落叶小乔木，高3.0～5.0m。叶披针形，长15.0cm，宽4.0cm，先端形成长而细的尖端，边缘有细齿，暗绿色，有光泽，叶基具有蜜腺。花单生，粉红色，有短柄，直径4.0cm，早春开花。果实近椭圆形核果，被毛，外果皮红褐色，肉质可食，果肉近核处白色，近外果皮处红色。果实直径约7.0cm，品质佳，有带沟纹的核，内含白色种子。成熟期7月下旬。

【优异特性与利用价值】高产，优质，抗病，广适。果实品质佳，可作为育种材料。

【濒危状况及保护措施建议】红肉桃资源，当地有零星种植，建议保存于资源圃。

002 小乌桃（2017331065）

【学　名】Rosaceae（蔷薇科）*Prunus*（李属）*Amygdalus*（桃亚属）*Prunus persica*（桃）。

【采集地】浙江省杭州市淳安县。

【主要特征特性】普通桃资源，叶绿色，枝条浅绿带红色。3月下旬开花，9月下旬果实成熟，果皮底色乳白，着红色，着色100%，果皮被密茸毛，果肉红色，近核部分为白色，风味酸，粘核。

【优异特性与利用价值】抗病性和抗虫性强，是优质的砧木资源。作为红肉普通桃资源，可用于桃果肉颜色改良育种。

【濒危状况及保护措施建议】当地属于半野生状态，作为观赏树种。红肉桃资源可以引入资源圃保存。

003 庆元白杨梅（2018332258）

【学　名】Myricaceae（杨梅科）*Myrica*（杨梅属）*Myrica rubra*（杨梅）。

【采集地】浙江省丽水市庆元县。

【主要特征特性】树势强健。叶倒卵圆形或者匙形。盛花期3月下旬，果实6月中旬成熟。成熟果实白色或带粉色，平均单果重10.5g，平均可溶性固形物含量9.8%，可食率89.5%。

【优异特性与利用价值】抗旱，耐瘠薄。可泡酒。

【濒危状况及保护措施建议】仅剩零星几棵分布于当地村落，周围坡土水土流失现象较明显，建议在国家/省级资源圃内进行无性繁殖、异位保存的同时，进一步加强在原生地的保护与管理。

004 临海早大梅（P331082001）

【学　名】Myricaceae（杨梅科）*Myrica*（杨梅属）*Myrica rubra*（杨梅）。

【采集地】浙江省台州市临海市。

【主要特征特性】地方品种，多年生，无性繁殖，高产、优质、广适、早熟，种质分布窄，种质群落群生，生态类型为农田和森林，土壤类型为山地红壤土，单果重15.8g，平均可溶性固形物含量11.5%，可食率93.5%，盛花期在3月中下旬，花暗紫红色，果实成熟期在6月中旬，丰产。

【优异特性与利用价值】高产、优质、广适、早熟。可作为育种材料。

【濒危状况及保护措施建议】仅剩零星几棵分布于当地村落，周围坡土水土流失现象较明显，建议在国家/省级资源圃内进行无性繁殖、异位保存的同时，进一步加强在原生地的保护与管理。

005 牛奶枣（2018331407）

【学　名】Rhamnaceae（鼠李科）*Ziziphus*（枣属）*Ziziphus jujuba*（枣）。

【采集地】浙江省嘉兴市桐乡市。

【主要特征特性】叶片浅绿、灰暗、平展，卵状披针形，叶尖锐尖，叶基圆楔形而叶缘具钝齿，枣吊长度15.46cm，枣吊叶数7.60片，叶长64.39mm，叶宽25.16mm。果实赭红卵圆形，果肩凸，果顶尖，果面光滑，果皮薄，果点大小和密度中等，梗洼深度和广度中等，萼片脱落，柱头宿存，有核且核呈纺锤形，种仁瘪，果肉白色，果肉质地致密，果肉细而汁液中等，果实甜，无异味，单果重13.81g，果实横、纵径分别为25.71mm和39.99mm，总糖含量28.01%，可滴定酸含量1.10%，维生素C含量220.18mg/100g，果实外观综合评价和果实口感品质综合评价好。

【优异特性与利用价值】总糖含量高，果实外观综合评价和果实口感品质综合评价好，生产上可直接利用，也可作为育种材料。

【濒危状况及保护措施建议】仅剩零星几棵分布于当地村落，周围坡土水土流失现象较明显，建议在国家/省级资源圃内进行无性繁殖、异位保存的同时，进一步加强在原生地的保护与管理。

006 土枣（2018331073）

【学　名】Rhamnaceae（鼠李科）*Ziziphus*（枣属）*Ziziphus jujuba*（枣）。

【采集地】浙江省金华市武义县。

【主要特征特性】地方品种，多年生，无性繁殖，成熟期9月中旬，高产、优质、抗病、抗虫、广适，容易存活，种质分布广，种质群落散生，生态类型为农田和草地，亚热带气候，土壤类型为丘陵黑褐土壤。叶片浅绿、灰暗、平展，卵圆形，叶尖钝尖，叶基圆形而叶缘具钝齿，枣吊长度16.82cm，枣吊叶数7.60片，叶长47.02mm，叶宽21.89mm。果实红圆形，果肩凸，果顶凹，果面光滑，果皮薄，果点小且密，梗洼深度中等，梗洼广度广，萼片和柱头皆脱落，有核且核呈椭圆形，种仁较饱满，果肉白且酥脆，果肉细，果肉汁液少，果实酸甜无异味，单果重6.33g，果实横、纵径分别为25.06mm和24.91mm，总糖含量28.33%，可滴定酸含量1.01%，维生素C含量252.22mg/100g，果实外观综合评价和果实口感品质综合评价好。

【优异特性与利用价值】高产、优质、抗病、抗虫、广适，容易存活，果实外观综合评价和果实口感品质综合评价好，可直接利用，也可作为育种材料。

【濒危状况及保护措施建议】仅剩零星几棵分布于当地村落，周围坡土水土流失现象较明显，建议在国家/省级资源圃内进行无性繁殖、异位保存的同时，进一步加强在原生地的保护与管理。

007 红心李（P330825013）

【学　名】Rosaceae（蔷薇科）*Prunus*（李属）*Prunus salicina*（中国李）。

【采集地】浙江省衢州市龙游县。

【主要特征特性】当地称红心李。树形较直立。叶片较平，椭圆形，叶缘粗锯齿状，叶尖急尖。成熟时中间果肉红色，边缘果肉淡红色，粘核。当地农户认为该红心李味甜而略带酸，清香爽口，营养丰富。平均单果重60.0g左右。

【优异特性与利用价值】品质较好，可直接生产利用，也可作为育种材料。

【濒危状况及保护措施建议】当地少量种植，建议在国家/省级资源圃内进行无性繁殖、异位保存的同时，进一步加强在原生地的保护与管理。

008 天目蜜李（2019334480）

【学　名】Rosaceae（蔷薇科）*Prunus*（李属）*Prunus salicina*（中国李）。

【采集地】浙江省杭州市临安区。

【主要特征特性】树形较开张。叶片较平展，椭圆形，叶缘粗锯齿状，叶尖急尖。果实圆，黄皮，黄肉，汁水多，粘核，品质上乘，6月下旬成熟。

【优异特性与利用价值】品质较好，可直接生产利用，也可作为育种材料。

【濒危状况及保护措施建议】当地少量种植，建议在国家/省级资源圃内进行无性繁殖、异位保存的同时，进一步加强在原生地的保护与管理。

第三节　浆果类种质资源

001 苍南柿（2017335084）

【学　名】Ebenaceae（柿科）*Diospyros*（柿属）*Diospyros oleifera*（油柿）。

【采集地】浙江省温州市苍南县。

【主要特征特性】油柿，树势中等，果球形，直径5.0～6.0cm。果面附有油脂，无纵沟，无缢痕，无十字沟，果顶平。萼片小，4枚，边缘向内反卷，相邻萼片基部联合，边缘互相不重叠。花期3月中旬，晚熟，12月中旬成熟，肉质细且致密，纤维多，品质优。休眠枝节间短，叶宽椭圆形，柔软。

【优异特性与利用价值】脱涩后，果鲜食，果实品质中等。

【濒危状况及保护措施建议】野外仅单株分布，需进行无性繁殖，异位妥善保存。

002 方柿（P330604003）

【学　名】Ebenaceae（柿科）*Diospyros*（柿属）*Diospyros kaki*（柿）。

【采集地】浙江省绍兴市上虞区。

【主要特征特性】树势强，枝条粗短，节间短，分枝多，树冠矮小，结果投产早且丰产。果实中等大，扁方圆形，整齐端正，横切面呈方形，果顶平，纵沟明显。果皮橙红色，艳丽有光泽。肉质细软，汁液多，味甜，品质优。适应性强，对气候、土壤要求不高，易栽培。

【优异特性与利用价值】脱涩后，果鲜食，果实品质优。

【濒危状况及保护措施建议】当地名优农家品种，在当地种植已有100多年的历史。在异位妥善保存的同时，建议扩大种植面积。

003 富阳火柿（P330111023）

【学　名】Ebenaceae（柿科）*Diospyros*（柿属）*Diospyros kaki*（柿）。

【采集地】浙江省杭州市富阳区。

【主要特征特性】树势强，树冠圆头形，叶椭圆形。中型果，果实圆形或扁圆扁形，果横断面圆形，直径4.0cm左右，纵截面卵形，长6.0～7.0cm，果顶钝圆，基部平广。种子小，种子平均3或4粒。

【优异特性与利用价值】果实品质优，当地市场上常有软果销售，为当地名优农家品种。

【濒危状况及保护措施建议】富阳区里山镇、东洲街道等乡镇少数农户有留存，大多为百年老树，进一步加强在原生地的保护与管理的同时，建议扩大种植面积。

004 牛奶柿（P330111029）

【学　名】Ebenaceae（柿科）*Diospyros*（柿属）*Diospyros kaki*（柿）。

【采集地】浙江省杭州市富阳区。

【主要特征特性】完全涩柿，树势较强，树冠圆头形，树姿开张。单性结实能力强。果实心脏形，单果重80.0～100.0g。成熟果实果皮橙红色，有光泽。果肉橙红色，稍有果粉，肉质柔软，甜味浓，汁多，可溶性固形物含量16.0%。无籽或少籽，品质优。10月上旬开始成熟。

【优异特性与利用价值】优质，抗逆性强，果大、少籽、品质优，为优良农家品种。

【濒危状况及保护措施建议】富阳地区名优农家品种，在当地约有百年种植历史。在异位妥善保存的同时，建议扩大种植面积。

005 甲州三尺（P330281008）

【学 名】Vitaceae（葡萄科）*Vitis*（葡萄属）*Vitis vinifera*（欧洲葡萄）。

【采集地】浙江省宁波市余姚市。

【主要特征特性】嫩梢形态开张，不含花青素，茸毛疏。幼叶上表面黄绿色，茸毛无。成熟叶片单叶、5裂、五角形，上、下裂刻开张，成龄叶大小181.9cm^2，叶柄长8.9cm，绿色，叶面平展，泡状凸起弱，锯齿形状双侧直，锯齿长度与锯齿宽度之比1.0，叶柄洼开叠类型窄拱形，叶脉花青素弱，背面主脉间匍匐茸毛无。新梢生长半直立，节间背侧具红色条纹、腹侧绿。果穗分枝形，中等紧密，穗重340.3g，穗长18.1cm，穗梗长达7.8cm，果粒椭圆形、黄绿色、较均匀，果梗、果粒分离难，果粒重4.5g、大小4.37cm^2，果皮易剥，果皮厚、韧、无涩味，果肉软、汁液多，可溶性固形物含量16.2%，口味酸甜，种子1或2粒。田间表现中抗白腐病、灰霉病。当地农户认为虽然果粒较小，但其串长、串上结实多。

【优异特性与利用价值】田间抗性强，不掉粒、不裂果，可用作葡萄育种材料和制汁、酿酒。

【濒危状况及保护措施建议】在余姚仅少数农户零星种植，在资源圃妥善保存的同时，建议适当扩大种植面积。

006 野生小葡萄（P331024005）

【学　名】Vitaceae（葡萄科）*Vitis*（葡萄属）*Vitis heyneana*（毛葡萄）。

【采集地】浙江省台州市仙居县。

【主要特征特性】嫩梢形态较开张，茸毛密。幼叶上表面红褐色，背面主脉间茸毛密。叶长卵椭圆形，顶端急尖或渐尖，基部心形，叶柄洼开展，上表面绿色，下表面密生灰白色茸毛，叶全缘、边缘有小锯齿。新梢圆柱形，有纵棱纹，有灰白色蛛丝状茸毛，基生脉5出，侧脉4～6对。花杂性异株，花序圆锥形。果实近圆形、小，单果粒重2.6g，成熟时紫黑色；种子倒卵形。花期5～6月，果期7～10月。当地农户认为其高产、抗病、抗虫。

【优异特性与利用价值】抗病、抗虫性较好，果实紫黑色，可用于酿造葡萄酒。

【濒危状况及保护措施建议】野生状态，在资源圃妥善保存的同时，建议适当扩大种植面积。

007 毛藤梨（P330825018）

【学　名】Actinidiaceae（猕猴桃科）*Actinidia*（猕猴桃属）*Actinidia eriantha*（毛花猕猴桃）。

【采集地】浙江省衢州市龙游县。

【主要特征特性】野生猕猴桃资源，移植到屋前保存。叶椭圆形。果实短圆柱形，挂果量大，被白毛，易剥皮，果肉绿色，种子较多，口味甜中带酸。

【优异特性与利用价值】耐贫瘠，树势旺，适应性强，移植后性状稳定。

【濒危状况及保护措施建议】优质、抗性毛花猕猴桃资源，建议保存至资源圃。

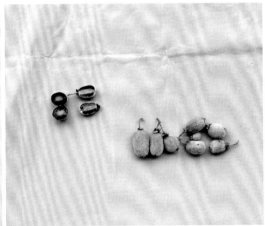

008 台湖毛花猕猴桃（2018332224）

【学　名】Actinidiaceae（猕猴桃科）*Actinidia*（猕猴桃属）*Actinidia eriantha*（毛花猕猴桃）。

【采集地】浙江省丽水市庆元县。

【主要特征特性】野生毛花猕猴桃资源。叶椭圆形，互生，节间短，叶片茂盛。果实圆柱形，被白毛，果形稍小，可剥皮，味酸甜，种子较多。

【优异特性与利用价值】耐贫瘠，树势旺，高产，完熟后风味佳。

【濒危状况及保护措施建议】野生状态表现良好，可取枝条嫁接繁殖，观察性状。

009 太山毛花猕猴桃（P331102026）

【学　名】Actinidiaceae（猕猴桃科）*Actinidia*（猕猴桃属）*Actinidia eriantha*（毛花猕猴桃）。

【采集地】浙江省丽水市莲都区。

【主要特征特性】野生猕猴桃资源。叶卵圆形。花较大，粉红色花瓣。果实圆柱形，被长白毛，果肉绿色，种子多，中柱近白色。

【优异特性与利用价值】产量高，风味佳，抗病性、抗虫性强，可用作育种材料。

【濒危状况及保护措施建议】该毛花猕猴桃品质优，建议保存至资源圃。

第四节　柑果类（柑橘）种质资源

001 常山胡柚（P330822001）

【学　名】Rutaceae（芸香科）*Citrus*（柑橘属）*Citrus paradisi*（葡萄柚）。

【采集地】浙江省衢州市常山县。

【主要特征特性】常山胡柚是柚子与其他柑橘天然杂交而成的地方特色品种，起源于常山县青石镇澄潭村。果实美观，呈圆球形或扁球形，部分呈梨形，色泽金黄。单果重300.0g左右，皮厚约0.6cm，可食率约70.0%，可溶性固形物含量11.0%～13.5%，可滴定酸含量0.9～1.2g/100ml。采收期在11月中旬至12月上旬，贮藏后销售，在自然条件下可贮藏至次年4～5月，且贮后风味变浓，品质更佳。

【优异特性与利用价值】外形美观，色泽金黄，果形适中，柚香袭人。果实风味独特，肉质脆嫩，汁多味鲜，酸甜适口，甘中微苦，具有很高的药用价值。该品种具有耐贫瘠、耐寒、耐贮、风味独特等显著特点。食药兼用，幼果切片制成（衢）枳壳可代替酸橙枳壳。可直接生产利用。

【濒危状况及保护措施建议】无濒危状况，无须保护。

002 枨子（2017333001）

【学　名】Rutaceae（芸香科）*Citrus*（柑橘属）*Citrus medica*（香橼）。

【采集地】浙江省宁波市宁海县。

【主要特征特性】枨子可能是酸橙和柚子的自然杂交后代，浙江省宁海县、象山县和磐安县有零星种植，磐安县又叫香乐。该品种果皮橙黄色，果顶有明显印圈，果实圆球形，单果重约263.00g，果皮厚7.03mm，平均种子数44.00粒，可溶性固形物含量8.10%，可滴定酸含量6.16%，维生素C含量506.10mg/kg。该品种主要用于加工，农户用于泡茶等。

【优异特性与利用价值】食药兼用，富含功能性成分。

【濒危状况及保护措施建议】无濒危状况，无须保护。

003 古磉柚（2017335001）

【学　名】Rutaceae（芸香科）*Citrus*（柑橘属）*Citrus grandis*（柚）。

【采集地】浙江省温州市苍南县。

【主要特征特性】古磉柚来自民间实生群体的田间选种。该品种果实成熟期在10月中下旬。果实扁圆形，果皮淡黄色，油胞较小，单果重1.50kg，果皮厚度1.40cm，囊瓣15～17瓣，大小较整齐，囊衣易剥离，汁胞鲜红色，脆嫩化渣，无苦味，单果种子数73.00粒；果实可食率62.35%，果肉出汁率65.68%，可溶性固形物含量9.00%～11.00%，可滴定酸含量0.70g/100ml，维生素C含量557.00mg/kg。该品种树势强，以春梢为主要结果母枝，较丰产。

【优异特性与利用价值】汁胞鲜红色，十分鲜艳。生产上可直接利用，也可作为育种材料。

【濒危状况及保护措施建议】无濒危状况，无须保护。但总面积在缩小，需适当关注。

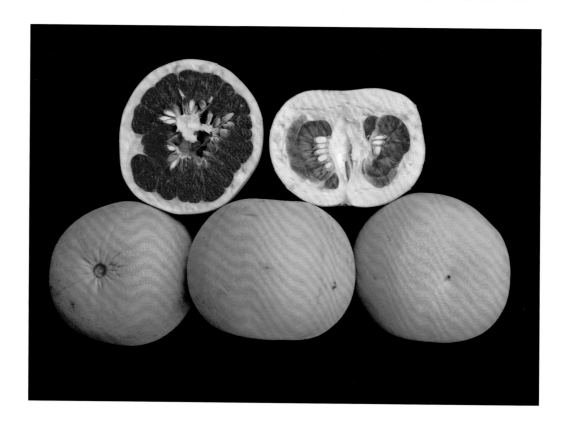

004 黄岩本地早（2018333652）

【学　名】Rutaceae（芸香科）*Citrus*（柑橘属）*Citrus reticulata*（柑橘）。

【采集地】浙江省台州市黄岩区。

【主要特征特性】本地早蜜橘，又名天台山蜜橘。原产浙江黄岩，是黄岩柑橘栽培的主栽品种之一。成熟期11月上旬。该品种树势强健，树冠呈自然圆头形，枝梢细密，叶缘锯齿明显，翼叶小，线形。果实扁圆形，较小，单果重50.0～82.0g，果形端正，顶端微凹。果皮橙黄色，略显粗糙，皮厚2.0mm，易剥离。果肉橙黄色，组织紧密，柔软多汁，可溶性固形物含量12.0%，可滴定酸含量0.7g/100ml。单果种子数2.4粒，可食率77.0%，味甜酸少，有香气，囊衣薄，化渣性好，品质优良，是鲜食和制罐兼优的品种。果实贮藏性中等，可贮至次年1月底，较丰产。

【优异特性与利用价值】果实品质优，富含β-隐黄素，果形美观，风味好，也是优质的罐头加工原材料。可直接生产利用。

【濒危状况及保护措施建议】目前主要在浙江省台州市黄岩区种植，江西也有成片种植，但总面积在缩小。

005 无籽瓯柑（P330304018）

【学　名】Rutaceae（芸香科）*Citrus*（柑橘属）*Citrus reticulata* cv. Suavissima（瓯柑）。

【采集地】浙江省温州市瓯海区。

【主要特征特性】瓯柑原产浙江温州，是中国古老品种，已有1000多年的栽培历史，主产浙江温州、丽水，福建等地有少量栽培。该品种树势强健，树冠圆头形，枝条开张，下垂，有短刺。果实圆球形或短圆锥形。单果重约140.0g。果皮橙黄色，油胞较细密，具蜡质，海绵层厚，白色，易与囊瓣剥离。果肉橙红色，风味酸甜适口，略带苦味。可溶性固形物含量10.0%～12.5%，总酸含量0.6～0.9g/100ml，单果平均种子数4.5粒。成熟期11月中下旬。果实耐贮藏，常温下可贮藏至次年5月，且风味不变。丰产性好。从普通瓯柑中选育出的芽变单株无籽瓯柑，树体和枝叶同普通瓯柑。果实倒卵形，平均单果重130.0g，果面橙黄色，油胞较细密，具蜡质。果实极耐贮藏，品质比普通瓯柑好，但产量不及普通瓯柑。

【优异特性与利用价值】食药兼用，富含功能性成分。可直接生产利用。

【濒危状况及保护措施建议】无濒危状况，无须保护。但总面积在缩小，需适当关注。

第四章
经济作物优异种质资源

第一节 油料作物种质资源

001 大莱油菜（2018331027）

【学　名】Brassicaceae（十字花科）Brassica（芸薹属）Brassica napus（甘蓝型油菜）。

【来源地】浙江省金华市武义县。

【主要特征特性】甘蓝型油菜。叶色绿，苗期长势强，花瓣侧叠，较大，株高185.40cm，第一次有效分枝部位74.60cm，一次分枝数8.40个，二次分枝数3.00个，主花序有效长74.60cm，主花序有效角果数81.80个，单株有效角果数369.80个，每角粒数25.60粒，角果长6.30cm，含油量37.71%，芥酸含量20.05%，硫苷含量84.40μmol/g，油酸含量61.09%。当地农户认为该资源抗寒性佳。

【优异特性与利用价值】该种质抗寒性强，可作为育种利用。

【濒危状况及保护措施建议】该品种已有50年种植历史，当地较少种植，濒临消失的危险性极高。建议妥善保存的同时，加强种质鉴定及利用。

002 直立小京生（P330624016）

【学　名】Leguminosae（豆科）*Arachis*（花生属）*Arachis hypogaea*（花生）。

【采集地】浙江省绍兴市新昌县。

【主要特征特性】植株半蔓生，中熟，抗病性强。茎秆绿色，少茸毛。叶绿色，椭圆形。花及旗瓣黄色，龙骨瓣淡黄色，花药黄色。单株分枝数8.3枝，侧枝结果，单株结果数18.3个，荚果三粒荚、四粒荚居多。荚果果嘴鹰嘴状特征明显。种子圆形，种皮粉红色，无裂纹，百粒重63.8g，果形类似小京生。4月上中旬播种，采收期8月初，播种至收获约121.5天，荚果亩产约161.2kg。田间表现高抗青枯病，抗锈病。直立小京生和小京生的荚果外形极其类似，适合高密度种植，也是我国小花生优异种质资源。

【优异特性与利用价值】直立型，荚果果形优美，加工风味清香不油腻，高抗青枯病，具有较高的育种利用价值。

【濒危状况及保护措施建议】在绍兴市新昌县及周边乡镇均有种植。在异位妥善保存的同时，建议适当扩大种植面积。

003 磨盘麻（2018332469）

【学　名】Pedaliaceae（胡麻科）*Sesamum*（芝麻属）*Sesamum indicum*（芝麻）。

【来源地】浙江省衢州市开化县。

【主要特征特性】白芝麻。叶色浅绿，叶对生，椭圆形，直立。三花，花色白色，蒴果成熟时不开裂，无分枝，主茎始蒴高度40.50cm，主茎果轴长度58.00cm，节间长22.50cm，有效果节数25.00节，蒴果棱数4棱，蒴果大小1.55cm×1.15cm，每株蒴果数113.00个，每蒴粒数59.50粒，千粒重1.35g，单株种子产量31.60g。当地农户认为该资源荚量大，磨盘状，用于榨油和制作麻糍。

【优异特性与利用价值】蒴果密，单株蒴果数多，单株产量高。

【濒危状况及保护措施建议】该品种具有50多年种植历史，当地较少种植，濒临消失的危险性较高。建议妥善保存的同时，加强种质鉴定和育种利用。

004 义乌黑芝麻（P330782001）

【学　名】Pedaliaceae（胡麻科）*Sesamum*（芝麻属）*Sesamum indicum*（芝麻）。

【来源地】浙江省金华市义乌市。

【主要特征特性】黑芝麻。叶色绿，叶对生，披针形，平展。三花，花色白色，蒴果成熟时轻裂，无分枝，主茎始蒴高度19.50cm，主茎果轴长度90.00cm，节间长31.00cm，有效果节数30.50节，蒴果棱数4棱，蒴果大小2.45cm×1.20cm，每株蒴果数314.00个，每蒴粒数77.00粒，千粒重1.30g，单株种子产量28.30g。油分和蛋白质含量较高，含油量50%～60%，蛋白质含量19%～25%，直接食用或榨油。套种亩产60.00～70.00kg，清种亩产100.00kg左右。当地农户认为该资源花期较长，具有耐贫瘠、抗旱、矮秆、早熟等特点。不宜在低洼地、盐碱地和排水不良的黏土种植，清种和套种皆宜，不耐连作。

【优异特性与利用价值】早熟、品质优。

【濒危状况及保护措施建议】该品种具有50多年种植历史，当地较少种植，濒临消失的危险性较高。建议妥善保存的同时，加强种质鉴定和育种利用。

第二节　纤维类种质资源

001 慈溪棉花（P330282022）

【学　　名】Malvaceae（锦葵科）*Gossypium*（棉属）*Gossypium hirsutum*（陆地棉）。

【采集地】浙江省宁波市慈溪市。

【主要特征特性】植株塔型。雌雄同花，花白色，花粉黄色，掌形。茎秆绿色，有少量茸毛。单株果枝数7.0～9.0节，果枝铃数平均3.2个。纤维白色，纤维长度28.2mm，断裂比强度27.8cN/tex，亩产纤维113.0kg。4月中旬营养钵育苗，5月上中旬适时移栽，采收期9月初，播种至收获约131.5天。田间表现抗病性强，抗倒伏能力差。

【优异特性与利用价值】植株塔型，纤维白色。抗性优，具有较高的育种利用价值。

【濒危状况及保护措施建议】在宁波市慈溪市、余姚市及其周边乡镇均有种植。在异位妥善保存的同时，建议扩大种植面积。

参 考 文 献

邓国富. 2020. 广西农作物种质资源. 北京: 科学出版社.

邓秀新, 束怀瑞, 郝玉金, 等. 2018. 果树学科百年发展回顾. 农学学报, 8(1): 24-34.

方智远. 2017. 中国蔬菜育种学. 北京: 中国农业出版社.

洪霞, 赵永彬, 屈为栋, 等. 2020. 基于表型性状与简单重复序列标记的浙江省芋种质资源遗传多样性比较. 浙江农业学报, 32(9): 1544-1554.

林福呈, 戚行江, 施俊生. 2023. 浙江农作物种质资源. 北京: 科学出版社.

林志寅, 庄文雅, 汪精磊, 等. 2021. 浙江省萝卜种质资源表型多样性分析. 浙江农业科学, 62(10): 1996-1999.

《农作物种质资源技术规范》总编辑委员会. 2007. 农作物种质资源技术规范. 北京: 中国农业出版社.

汪宝根, 吴新义, 李素娟, 等. 2021. 浙江省地方豇豆种质资源的鉴定与评价. 植物遗传资源学报, 22(2): 380-389.

郁晓敏, 金杭霞, 袁凤杰. 2020. 浙江省大豆种质资源的收集与评价. 浙江农业科学, 61(1): 26-28.

《浙江省农业志》编纂委员会. 2004. 浙江省农业志（上、下册）. 北京: 中华书局.

《浙江通志》编纂委员会. 2021. 浙江通志·农业志. 杭州: 浙江教育出版社.

索　引